气候和土地利用变化对东北黑土区典型流域干旱影响的定量评价研究

杨志远 著

中国农业出版社

北京

图书在版编目（CIP）数据

气候和土地利用变化对东北黑土区典型流域干旱影响的定量评价研究 / 杨志远著. —北京：中国农业出版社，2022.1

ISBN 978-7-109-28998-7

Ⅰ.①气… Ⅱ.①杨… Ⅲ.①气候变化－环境影响－黑土－流域－干旱－定量分析－研究－东北地区②土地利用－环境影响－黑土－流域－干旱－定量分析－研究－东北地区 Ⅳ.①S157

中国版本图书馆 CIP 数据核字（2022）第 002131 号

中国农业出版社出版

地址：北京市朝阳区麦子店街 18 号楼
邮编：100125
责任编辑：王秀田
版式设计：王 晨 责任校对：刘丽香
印刷：北京中兴印刷有限公司
版次：2022 年 1 月第 1 版
印次：2022 年 1 月北京第 1 次印刷
发行：新华书店北京发行所
开本：700mm×1000mm 1/16
印张：10.25
字数：200 千字
定价：50.00 元

　　我国是干旱多发频发的国家之一。特别是 20 世纪中后期以来，受气候变化和人类活动的双重影响，干旱呈现出频发广发的态势，不仅严重影响农业生产、直接威胁粮食安全，更成为制约经济社会可持续发展的重要因素。如何科学有效应对干旱已成为政府、社会在当前以及未来共同关注的热点和焦点问题之一。东北黑土区是受全球气候变暖影响最显著的地区之一，也是受人类活动干扰最剧烈的地区之一。近年来东北黑土区干旱发生强度和频率明显增加，造成的损失越来越大，对人类社会经济活动和环境的影响日益严重，急需开展深入研究以认识气候变化和LUCC 对干旱的影响。乌裕尔河流域地处黑龙江省黑土区中心地带，是东北典型黑土区、气候变化敏感区、黑龙江省重要的商品粮基地，探究乌裕尔河流域气候和土地利用变化对干旱的影响可为流域未来干旱科学综合应对、粮食安全和生态安全、合理规划与高效利用水资源等提供信息参考和决策支持。

　　本书综合运用地理学、气象气候学、水文学、土壤学、生物化学的原理与方法，以乌裕尔河流域中上游为研究区，对分布式水文模型SWIM（Soil and Water Integrated Model）进行多站点、多变量的率定和验证；从水循环关键要素角度出发，基于 SWIM 模型，选取相关干旱指标，分别构建了研究区气象干旱、农业干旱和水文干旱月尺度评价模式，并从时空两方面对三类干旱月尺度评价模式进行了验证；同时，针对松嫩平原西部已建立的修正帕尔默旱度模式应用的局限性，依据研究区长时间序列的数据对气候特征值 K 的计算公式做了进一步修正；在此基础上，从时空角度对研究区气象干旱、农业干旱、水文干旱演变特征进行了分析，并基于 Copula 函数联合概率分布法，构建了干旱历时和干旱强度的二维 Copula 函数联合分布模型；据此开展了气候变化和 LUCC 对研究区干旱影响的厘定和评价的深入探索。

本书是对作者先前研究成果的相关总结，并可支撑国家自然科学基金地区科学基金项目"西南喀斯特地区农业干旱定量监测评价及因旱减产动态预估——以乌江流域为例"（No. 4186010134）、铜仁学院博士科研启动基金项目"气候变化和 LUCC 对典型流域农业干旱影响的动态过程模拟与评估"（TRXYDH1715）的相关研究。

由于作者自身研究水平的限制，书中难免有不足和疏漏之处，恳请专家、同行和广大读者批评指正。

ABSTRACT 摘 要

　　东北黑土区是受全球气候变暖影响最显著的地区之一，也是受人类活动干扰最剧烈的地区之一。近年来东北黑土区干旱发生频率明显增加，造成的损失越来越大，对环境的影响也日益严重，急需开展深入研究以认识气候变化和 LUCC 对干旱的影响。本书选择黑土区典型流域中的乌裕尔河中上游流域为研究区，基于地形、植被、土壤、气象、水文等观测与调查资料，采用分布式水文模型 SWIM 和干旱指标相结合方法，构建研究区月尺度干旱模拟模型，定量分离并评价气候变化和 LUCC 对干旱的相对作用与贡献。主要研究结论如下：

1. SWIM 模型在乌裕尔河中上游流域具有较好的适用性

　　以乌裕尔河中上游为研究区，利用流域出水口依安水文站 1961—1997 年实测日径流数据和部分气象站小型蒸发皿数据，对 SWIM 模型进行了多站点、多变量的率定和验证，评价结果表明 SWIM 模型具有较好的适用性：①率定期和验证期，月径流和日径流的纳希效率系数分别大于 0.71 和 0.55，径流相对误差在 6.0% 以内，月径流模拟效果好于对日径流模拟效果；月潜在蒸散发纳希效率系数达 0.81 以上。②在月尺度上经过校准的 SWIM 模型可以应用于东北黑土区与径流相关的各种模拟分析。③模型在模拟融雪和冻土产流方面存在一定的限制；对同时具有春汛和夏汛的年份模拟效果也较差；对年降水量出现骤增的年份年径流量的模拟结果会几倍于实测值，但基本能够重现汛期的流量变化过程。

2. 基于 SWIM 模型构建了研究区月尺度干旱评价模式

　　从水循环关键要素角度出发，基于 SWIM 模型，选取 SPEI、PDSI 和 PHDI 三种干旱指标，分别构建了研究区气象干旱、农业干旱和水文干旱月尺度评价模式。并从时空两方面对三类干旱月尺度评价模式进行了验证，结果表明：构建的月尺度干旱评价模式的干旱识别评价结果均与历史旱情记载信息和气象干旱图集结果基本一致。不仅表明研究提出的关键阈值以及构建的干旱评价模式具有合理性，而且能够揭示研究区三类干旱的时空演变特征。

3. 修正了研究区帕尔默旱度模式中气候特征系数 K 值

气候特征系数 K 值是评价帕尔默旱度模式 PDSI 指数的关键参数。针对松嫩平原西部已建立的修正帕尔默旱度模式应用的局限性，即在相对面积较小的区域应用精度偏低。考虑乌裕尔河中上游流域的面积偏小的现状，为更准确地反映研究区的实际情况，依据研究区长时间序列的数据对气候特征值 K 的计算公式做了进一步修正，应用结果表明修正 K 值后的 PDSI 指数在研究区的空间可比性更好。

4. 揭示了气象干旱、农业干旱、水文干旱的时空演变特征

从时空角度对研究区气象干旱、农业干旱、水文干旱演变特征进行了分析，结果表明：三类干旱年均干旱月数均较长，发生干旱的年份多于正常年份；三类干旱发生中旱等级以上的月数均呈增加趋势，20 世纪90 年代以后尤为明显；气象干旱率年际变率不大，农业干旱和水文干旱年际变率明显，年代际上，各类干旱率均为 80 年代最低，90 年代后呈增加趋势，四季中春季平均干旱率最高。空间上，各等级干旱高发区大体上分布在研究区东北部或中部区域。

气象干旱，研究时段内年均干旱月数为 5.7 个月；随时间的变化干旱等级总体呈现加重的态势。平均干旱率为 32.44%，随时间呈上升的趋势；四季中，春季干旱最为明显。空间上，中等以上干旱分布频率以克山县东部及克东县西南最高，北安市和五大连池市最低；干旱强度高值区出现在克山县和克东县之间区域。

农业干旱，研究时段内年均干旱月数为 7.18 个月，相比气象干旱，不同年代干旱等级总体偏重。平均干旱率为 47.84%，20 世纪 90 年代以后呈明显增大的趋势。四季中，春季干旱最为明显。空间上，干旱高发区出现在研究区的东北部，各等级干旱强度的高值区出现在研究区的边缘，低值区沿主河道附近分布。

水文干旱，研究时段内年均干旱月数为 7.6 个月，前期以 20 世纪六七十年代干旱等级偏重，到 21 世纪以后，特别干旱的月份明显增多。平均干旱率为 29.3%，以 20 世纪 70 年代最大，90 年代以后呈现出明显增大的趋势；四季中，秋季和冬季干旱最为明显。空间上，研究区各等级干旱呈现西南部低、东北部高的格局；轻旱干旱强度高值区出现在西北部，呈 C 形分布，其他等级干旱强度高值区呈条形分布，仍分布在西北部。

5. 构建了干旱历时和干旱强度的二维 Copula 函数联合分布模型

基于 Copula 函数联合概率分布法，分别构建研究区气象干旱、农业干旱、水文干旱的干旱历时和干旱强度的二维 Copula 函数模型，并进行了拟合优度评价，得出以下结论：研究区气象、农业和水文干旱特征变量中干旱历时和干旱强度的最优联合分布均为 Clayton‐Copula。干旱历时和干旱强度联合重现期、同现重现期均有如下特征：重现期均介于二者联合重现期 T_a 与同现重现期 T_0 之间，表明干旱历时和干旱强度联合分布的两种组合重现期可视为边缘分布重现期的两个极端，且干旱历时和干旱强度在增加幅度相同的条件下，二者相应的同现重现期 T_0 增幅比其联合重现期 T_a 增幅要大。

6. 厘定了气候变化和 LUCC 对研究区干旱的影响

气候变化和 LUCC 对气象干旱作用方向均为正向，加剧了干旱。对干旱历时影响的贡献份额为 85.93% 和 14.07%；对干旱强度影响的贡献份额为 73.36% 和 26.64%；对干旱率影响的贡献份额为 64.44% 和 35.56%。

气候变化和 LUCC 对农业干旱作用方向均为正向，加剧了干旱。对干旱历时影响的贡献份额为 15.31% 和 84.69%，对干旱强度影响的贡献份额为 30.33% 和 69.67%，对干旱率影响的贡献份额为 61.69% 和 38.31%。

气候变化和 LUCC 对水文干旱作用方向均为正向，加剧了干旱。对干旱历时影响的贡献份额为 7.6% 和 92.4%，对干旱强度影响的贡献份额为 24.36% 和 75.64%，对干旱率影响的贡献份额为 60% 和 40%。

气候变化和 LUCC 对各类干旱影响的模拟结果表明，与气候变化相比，以 LUCC 为主的人类活动对农业干旱和水文干旱的历时和强度贡献相对较大，是农业干旱和水文干旱的重要影响因素；在人类活动干扰强烈的研究区，气象、农业、水文干旱三者间的关系较自然条件下的情况变得更为复杂，需要根据干旱的不同发展阶段，选择适宜的干旱评价指标进行模拟和应用。

CONTENTS 目 录

第1章 绪 论

我国是干旱多发频发的国家之一。特别是 20 世纪中后期以来，受气候变化和人类活动的双重影响，干旱呈现出频发广发的态势。干旱不仅严重影响农业生产、直接威胁粮食安全，更成为制约经济社会可持续发展的重要因素。如何科学有效地应对干旱已成为政府、社会在当前以及未来共同关注的热点和焦点问题之一。乌裕尔河流域地处黑龙江省黑土区中心地带，是东北典型黑土区、气候变化敏感区、黑龙江省重要的商品粮基地，探究乌裕尔河流域气候和土地利用变化对干旱的影响对流域合理规划配置水资源、科学防旱、有效抗旱具有重要意义。

1.1 选题背景与研究意义

1.1.1 选题背景

世界上分布最为广泛并且造成损失最为严重的常见自然灾害之一就是干旱。即使在科技迅猛发展的今天，因旱致灾的后果仍然无法完全避免。自然灾害中有 70% 来自气象灾害，而因旱致灾约占气象灾害的 50%[1]。据统计，各种气象灾害导致的损失中，因旱致灾的经济损失最大，全球年均达 80 亿美元之多[2-3]。重大旱灾甚至会造成人员大规模死亡和居住地迁移，乃至朝代更迭和文明消亡[4]。20 世纪中后期以来，受气候变化以及为生存和发展对土地开发利用等人类活动的双重影响，全球增温幅度明显，尤其是近年来大规模持续高温事件呈现频次增加的态势。干旱发生的趋势逐渐常态化，发生频率更高、强度更大、范围更广[5-6]，重特大干旱事件明显增加，干旱灾害的破坏性、异常性日趋明显和突出[7]，对人类生存环境、粮食安全、社会稳定和经济的可持续发展已构成严重威胁。自 20 世纪以来干旱化趋势加速发展，已成为不同国家和地区、特别是干旱地区面临的基本问题和挑战，引起国际社会和学术界的共同关心和广泛关注[8]。

干旱作为水循环的极值过程之一，是水循环收支不平衡形成的一种水分异常短缺的现象。近百年来全球气候变化明显，受全球变暖为显著标志的气候变化影响，以及高强度的人类活动驱动，水循环过程发生不同程度的改变[9-11]，不但使原来仅受自然主导的"天然"水循环系统转变成受自然和社会共同影响的"天然—人工"二元水循环系统，而且导致了许多地区的水资源短缺、土地退化和荒漠化现象等一系列生态环境问题[12]，干旱区面积日趋扩大、干旱化程度日趋增加[5-6]。由于土地利用/覆被变化（Land Use/Land Cover Change，LUCC）是人类活动影响程度的最直接体现和反映，上述研究中许多研究者将 LUCC 作为一个研究切入点，对人类活动在全球变化中所起的作用进行研究[13]（本书也将 LUCC 指代人类活动）。进入 21世纪以来，随着对气候变化和 LUCC 研究的深入，气候变化和 LUCC 对干旱的影响研究逐渐成为当前全球变化研究中的热点课题之一[14-16]。

为有效应对全球环境变化下的干旱问题，政府间气候变化专门委员会（Intergovernmental Panel on Climate Change，IPCC）、世界气象组织（World Meteorological Organization，WMO）、国际科学联合会理事会（International Council of Scientific Unions，ICSU）、国际水文科学协会（International Association of Hydrological Sciences，IAHS）、联合国教科文组织（United Nations Educational，Scientific and Cultural Organization，UNESO）、联合国环境规划署（United Nations Environment Programme，UNEP）等陆续开展国际间的合作项目，旨在探讨不同尺度（全球尺度、区域尺度和流域尺度）环境变化下的水循环等问题[17]。如国际水文计划（The International Hydrological Programme，IHP）第八阶段战略计划（2014—2021 年）将受全球气候变化和剧烈人类活动影响的水相关的灾害与水文变化作为重点研究问题之一，并通过国际干旱倡议（International Drought Initiative，IDI）来协调干旱问题研究、提高应对干旱能力；ICSU 联合相关国际组织启动的未来地球计划（Future Earth），强调计划的基本目标是有效适应全球变化，实现全球的可持续发展[18]；联合国防治荒漠化公约（The

United Nations Convention to Combat Desertification，UNCCD）致力于防治荒漠化和土地退化并减轻干旱的影响；国际生物圈地圈计划（International Geosphere‐Biosphere‐Programme，IGBP），强调研究从"点"—"典型流域"的水循环机理研究，量化区域水文过程与 LUCC 影响的关系；此外还有全球水系统计划（Global Water System Programme，GWSP）、全球干旱卫星监测计划等都从不同角度提出了如何应对干旱的问题。

我国也相继启动了面向国家重大战略需求的基础研究、全球变化研究国家重大科学研究计划等一系列项目，均将"全球变化与区域响应"列为研究的重点，以支持国内学者开展环境变化对干旱问题影响的研究[19]，探讨环境变化下干旱形成的机理，并对干旱化趋势进行预测。国家气候中心开展了干旱监测、预测预警和影响评估工作，倡导未来干旱监测应从传统的气象干旱向适用于农业干旱、水文干旱监测的综合干旱监测预警发展。这些工作对于我国有效应对环境变化下的干旱问题具有重要的价值。

东北黑土区是我国主要的商品粮基地分布区，也是气候变化敏感区，黑土区西部处于气候和生态的双重过渡带，荒漠化严重，并经向扩展，威胁着中部平原地区[20]。黑土区东北大部分地区在 20 世纪中期后温度增加趋势大于 0.6℃/10a，超出 0.25℃/10a 的全国平均值[21-23]，年代际变化上降水的波动变化明显[24-27]；过去 50a，黑土区东北部干旱程度明显增加，存在一定的高发区北移趋势，而黑土区北部和南部干旱第一主周期分别为 3.5a 和 11a，干旱时间变化特征空间差异明显[28]。据统计，黑土区北部素有"全国大粮仓，拜托黑龙江"之称的黑龙江省 1980 年以来已成为全国变暖主要区域之一，年平均气温近百年来上升 1.4℃，其中 20 世纪 90 年代上升 1.0℃，1980—2000 年较 1950—1970 年平均气温上升 0.72℃；冬季增暖的时空变化最为明显，其次是春季，夏秋季增暖幅度不大[29]。干旱已成为困扰东北黑土区的主要自然灾害之一。若不对干旱积极重视和有效应对，到 2030 年东北地区 3 500 万农民的农业收入可能损失一半以上[30]。

中国有关全球变化的区域响应研究从脆弱带到敏感区，视野逐步关注到流域单元[31]。流域作为人地关系十分敏感而复杂的功能地理单元，以及水与自然特征连续而完整的自然空间综合体，直接关系到区域社会经济的可持续发展和生态环境安全[32]。对水资源实行以流域为单元的统一管理已成为普遍接受的科学共识。干旱与水循环密不可分，全球变化背景下从流域尺度基于分布式水文模型和地理信息技术，对典型流域气候变化和 LUCC 的干旱影响进行定量分离研究，无论从地理学、气候学、水文学的角度都具有十分重要的研究意义，对于保障粮食和生态安全、合理规划与高效利用水资源、科学防旱、有效抗旱等也具有十分重要的研究价值。因此，环境变化下对东北黑土区典型流域干旱问题的研究也就成为必须直面的一个重要现实课题，有必要结合干旱综合应对的实践需求，开展气候和 LUCC 对流域干旱影响的研究。

1.1.2 研究意义

随着气候变暖、人口增长和经济发展，东北黑土区干旱发生的频次在全国处于前列。近年来，大范围的特大旱灾时有发生，造成的损失也越来越大，对环境的影响也将日益严重，因此干旱是制约其经济社会可持续发展的心腹之患。目前黑土区干旱高发区北移且干旱程度增加态势明显，而黑龙江省干旱在具有普遍性的同时又以西部的齐齐哈尔、绥化、大庆等市最为严重[33]。乌裕尔河流域大部分位于齐齐哈尔市境内，是典型的黑土农业区、内陆半干旱区、气候敏感区和黑龙江省重要的商品粮基地。受气候变化和以大规模垦殖为主的强人类活动胁迫，环境破坏较为严重，导致水资源供需矛盾、干旱问题日益凸显。虽然目前对该流域干旱问题的研究已有不少有价值的结论，但是针对气候变化和LUCC 对气象干旱、水文干旱、农业干旱的定量影响角度开展的研究尚少，本研究以期弥补该流域干旱研究的不足。选取乌裕尔河中上游流域为研究区，通过流域干旱过程模拟模型对气象、水文和农业干旱进行模拟，重建环境变化下的研究区干旱情景，尝试定量分离并评价气候变化和 LUCC 对干旱的相对作用与贡献。这些工作对于黑土区流域未来干旱综合应对、科学防旱、有效抗旱以及保障经济社会可持续发展都具有重要的现实意义，并可为粮食安全和生态安全、合理规划与高效利用水资源等提供信息参考和决策支持。

1.2 国内外研究进展

1.2.1 干旱指标的研究进展

干旱发展过程具有渐进性，其发生和结束缓慢，既不易察觉又难以检测，因而，精准的量化表达干旱就显得十分困难。学者们考虑数据的易得性和可操作性等特征，引入了干旱指标来表示干旱程度的特征，作为旱情描述的数值表达，并利用干旱指标度量和对比干旱程度综合分析旱情。干旱评估就是基于干旱指标对研究区干旱进行识别、计算提取干旱强度、历时、范围、频率等特征变量，并对干旱特征变量进行统计分析，这也是进行气候变化和 LUCC 对干旱影响定量分析的前提。干旱指标因学科不同研究的侧重点也不同，按照评估的干旱类型不同可分为气象干旱指标、水文干旱指标、农业干旱指标、社会经济干旱指标等（其中前 3 类干旱指标已被广泛采用）。综合国内外研究现状，干旱指标按照表征因子的不同大致经历了由单因子指标、双因子指标到多表征因子的结合基础上的多干旱指标综合的萌芽期、成长期和发展期三个发展阶段[34-35]（表 1-1）。对干旱进行评价中选取合适的干旱指标至关重要，不同的干旱指标可能导致干旱识别结果不同，进而影响干旱强度、历时、范围、频率等特征指标计算结果。

表 1-1　干旱指标发展阶段

阶段	干旱表征因子	指标举例	评价
萌芽期	降水量 蒸发量 降水量和气温 降水量和蒸发量	前期降水指标[36] 湿度适足指数[37] Marcovich 指数[38]、Demartonne 指数[39]等 干燥度指数[30]	①以单因子或双因子为表征 ②根据某一地区的特点建立 ③计算简单，普适性不强，缺乏机理性
成长期	降水量 径流量 考虑地表干旱状况 以土壤水分平衡原理为基础	降水量距平百分率、BMDI 干旱指数[41]、正负距平指标等 地表水供给指数[42]（SWSI）等 Keetch-Byrum 干旱指数[43]、土壤热惯量模型[44]等 Palmer 干旱程度指数[45]、Palmer 水分距平指数[46]等	①以多因子表征为主 ②一定程度上考虑了水循环要素与过程 ③具有一定的物理机制
发展期	多个干旱指标的综合 以分布式水文模型为基础的指标 基于遥感的干旱指标	综合干旱指数[47]（CI）、标准化降水蒸散指数[40]（SPEI）等 GBHM-PDSI 模型[49]、SWAT-PDSI 模型[50]等 植被温度状态指数[51]（VTCI）、植被供水指数[52]（VSWI）、垂直干旱指数[53]（PDI）、标准植被指数[54]（SVI）、短波红外垂直失水指数[55]（SPSI）等	①考虑多表征因子的结合外，大多为多干旱指标的综合 ②评价内容多样化 ③计算的时空尺度更为精细，甚至是不同时间尺度的量化

（1）气象干旱指标

气象干旱指标可分为单因子指标、双因子指标和多因子指标[35]。单因子指标，是以降水量或降水的统计量作为表征因子而建立的干旱评价指标，其计算方法相对简单、并且资料易于获得，因而是目前在气象干旱评估中广为应用的一类指标。其中，应用最多的单因子指标是标准化降水指数 SPI。双因子指标，如相对湿润度指数、干旱综合指标 CI、标准化降水蒸散指数 SPEI 等，是以降水和蒸发作为表征因子建立的干旱评价指标，其中，应用最多的双因子指标是标准化降水蒸散指数 SPEI。多因子指标，如依据土壤水分平衡原理建立的 Palmer 干旱指数，考虑了降水、气温、土壤含水量等多个因素，表征一段时间内，某地区实际水分供应持续地少于当地适宜水分供应的水分亏缺状况，是一个无量纲数值，在时间和空间上具有可比性，是当前应用较为广泛的干旱指标之一。但严格来说，Palmer 干旱指数考虑了诸多水循环过程要素，已不是完全意义上的气象干旱指标[56-58]。几种主要的气象干旱指数见表 1-2。

表 1-2 几种主要的气象干旱指标

表征因子		干旱指标	计算方法	评价
单因子	降水量	降水量距平百分率	计算期内降水量与多年同期平均降水量差值（距平值）占多年同期平均降水量百分比	意义明确、计算简单，但响应慢、敏感性低，对旱涝程度反映较弱，对平均值的依赖性大
		BMDI 干旱指数	实际降水量距平值与多年同期平均降水量比值衡量干湿程度	同上
		标准化降水指数[59]（SPI）	假定降水量符合某种概率分布函数，然后作标准化变换，正值、负值分别表示比正常偏多、偏少	资料易获得，考虑空间一致性，可对各种时间尺度计算及反映不同方面水资源状况，但未能反映因增温导致的干旱化趋势[61]
		Z 指数[60]	假定降水量服从 Person-Ⅲ分布，对降水量正态化，将概率密度函数分布转为以 Z 为变量的标准正态分布	未考虑到降水年内分配不均，只能对某一时段内的旱涝情况评估，无法判定干旱起止时间及过程

（续）

表征因子	干旱指标	计算方法	评价
降水、气温	气象干旱指数[62]（DI）	将标准化降水指数 SPI_1 和 SPI_3 与 PDSI 采用权重线性组合，取两者的分位数进行综合	考虑一段时间内水分亏缺及月季降水量异常，反映干旱受灾/受害范围以及河道径流丰枯关系，不能表示农业、水文干旱
双因子 降水量、蒸散量	相对湿润度指数	计算期内降水量和可能蒸散量的差值占可能蒸散量的比值	适用于作物生长季节旬以上尺度的干旱评价
	综合干旱指数（CI）	综合近 30 天（相当月尺度）和近 90 天（相当季尺度）降水量标准化降水指数，以及近 30 天相对湿润指数而得	反映短时间尺度（月）和长时间尺度（季）降水量气候异常，及短时间尺度（影响农作物）水分亏欠情况
	标准化降水蒸散指数（SPEI）	通过一地区的标准化潜在蒸散与降水差值的累积概率值判断该地区干湿状况偏离常年的程度	既考虑了 PDSI 所关注的干旱对蒸散的响应，又考虑了 SPI 空间一致性、多时间尺度且计算简单

（2）农业干旱指标

受气象和水文条件、农作物品种和生长状况、人类耕作制度及耕作水平及农作物布局等各种自然或人为因素影响，确定农业干旱指标需兼顾大气、作物、土壤有关的因子，将大气干旱、土壤干旱对作物旱情发生与发展的影响进行综合考虑。按照考虑因素的多少，农业干旱指标也可分为单因子指标和多因子综合指标两类。如土壤相对湿度、土壤有效含水量等直接以土壤含水量或其统计量作为表征因子建立的单因子干旱评价指标；作物水分指数[63] CMI、Palmer 水分距平指数等同时考虑土壤含水量、气温、降水等表征因子建立的多因子综合干旱评价指标。几种主要的农业干旱指数见表1-3。

表1-3 几种主要的农业干旱指数的建立、基本原理及优缺点

表征因子	干旱指标	基本原理和方法	评价
单因子	降水量	降水量距平百分率	计算期内降水量与多年同期平均降水量之差，占多年同期平均降水量的百分比	意义明确计算简单，但响应慢、敏感性低，对旱涝程度反映弱，对平均值依赖性大

（续）

表征因子	干旱指标	基本原理和方法	评价
单因子	降水量 / 标准差指标	假定年降水量服从正态分布的基础上，提出用降水量的标准差来划分旱涝	同上
	土壤含水量 / 土壤相对湿度	土壤相对湿度是土壤湿度占田间持水最的百分比	计算简单容易理解，但数据难于获得，且受农田水分平衡各分量制约
	土壤水分盈缺	实际蒸散量与可能蒸散量之差	同上
	土壤有效含水量	土壤某一厚度层中存储的能被植物根系吸收的水分	指标范围需要根据土质、作物和生长期的具体特性决定
多因子综合	降水、蒸散、土壤含水量、径流、地下水、灌溉等 / Palmer 干旱程度指数（PDSI）	土壤水分平衡原理，当前情况下气候适宜量	综合考虑了蒸散量、土壤水分供给、径流及地表土壤水分损失，更适合表征农业干旱
	Palmer 水分距平指数（Z 指数）	Z 指数是当月的水分距平，实际上是计算时的一个中间量，不考虑前期条件对 PDSI 的影响	对土壤水分量值变化响应快，但涉及变量多，计算复杂不利用快速干旱评价
	供需水比例指标	依据供需平衡原理	综合考虑降水量、地下水、土壤含水量、灌溉量等因素，但计算复杂

（3）水文干旱指标

以径流量为表征因子的水文干旱是最彻底的干旱，反映整个区域内的干旱情况也更全面[64]，因此，基于径流作为表征因子建立的水文干旱指标最为常用。此外，还有基于水库水位、地下水位等水文变量作为表征因子建立的水文干旱指标。对水文干旱指标的研究相对较少。根据涉及作为表征因子的水文变量多少，水文干旱指标可分为单因子指标和多因子综合指标两大类。其中，单因子指标按照其计算方法又可分为三种，即基于水文变量绝对量建立的指标，如以某一时段内实际径流量与给定截断水平（阈值）之间的差值来衡量干旱程度的径流亏缺量；基于水文变量统计量建立的指标，如以日累积的月径流量（或累积月径流量）与多年同期平均值的差值，或径流距平百分率计算结果来度量旱情的径流异常指数；基于水文变量统计量分布建立的指标，如现在正在发展中的标准化径流指数[65]SRI 等，即假定径流量或其统计量服从某一特定分布，再将其进行正态标准化处理，计算方法同 SPI，在计算时只需输入长序列的月降水量数据[65]。对于多因子综合的水文干旱指标，目前主要有地表供水指数 SWSI 和 Palmer 水文干旱指数 PHDI[66]。

随着遥感技术的发展，有学者[67]提出了植被状态指数（Vegetation Condition Index，VCI），该指数可以较好地对水文干旱的起因、强度、持续时间以及影响进行识别，并且还很好地反映出植被含水量的状况。目前基于遥感和 GIS 技术计算的径流指数，能够更加精确和简单地对区域干旱程度以及空间分布进行判别[64]。几种主要的水文干旱指数见表 1-4。

表 1-4　几种主要水文干旱指标

表征因子		干旱指标	基本原理和方法	评价
单因子	径流量	径流异常指数	日累积的月径流量（或累积月径流量）与多年同期平均值的差值	优点：可分析具体河流具体一点的时间积分流量 缺点：分辨率很低
		Palmer 水文干旱强度指数（PHDI）	采用相同的 2 层土壤水平衡评估模式	采用月降水资料，更加准确，有更加严格的旱涝结束标准
		水分亏缺量	计算期内实际径流量与给定截断水平的差值	基于游程理论提出，采用月径流资料，更加准确
		标准化径流指数 SRI	假定某时段的平均流量服从 P-Ⅲ型分布，求出各平均流量对应的累积频率并将其标准正态化	能很好地反映由于季节变化引起水的滞后而导致干旱时间发生变化的问题，但无法标识频率发生地区
多因子综合	径流量、供水、水循环过程水文分量等	地表水供给指标（SWSI）	将水文和气象特征结合到简单的指数中，经过加权处理后得出 SWSI 值使各流域之间相互比较	可评估和预测地表供水状况，但权重因子随区域不同而变，导致 SWSI 具有不同的统计特性，需要考虑每个因子概率分布的变化和权重的变化
		分布式水文物理模型	基于分布式水文模型，如 TOPMODEL、GBHM、SWAT 等模拟并获取水文过程变量，进而计算水文干旱指数	通过模拟区域气候变化特性、径流过程、下垫面条件等因素，获取水文过程的细节以及演变规律，从而更准确地描述水文变量，达到精确而高效的干旱监测与预报效果

目前我国多是借鉴国外模式，并基于国内气候特征以及干旱特点，建立我国干旱指标及评估方法，如对 PDSI 干旱指标及其计算模式进行修正后应用[56]。干旱受以人类活动和气候变化为主要特征的变化环境的影响，是水循环过程中水分收支不平衡导致的持续性水分亏缺的现象，其势必表现出一定的动态性。但目前的干旱指标多是静态的评估，对环境变化下干旱的动态变化过程揭示仍不足；大部分干旱指标或是从影响水循环的供水、需水因子角度或是从人类活动角度的影响因子的其中一项或几项进行，尚未综合考虑气候变化与人类活动的双重作用影响，也忽略了水分在地表的耗损及变化，间接降低了对干旱程度的反映精度；现有干旱指标体系多从气象学角度考虑，单一的气象要素无法全面反映干旱特征，对具有随机特性、反映水分供给的水文气象要素及其构成的干旱指数，应从水分收支或供求不平衡而形成的持续水分短缺的现象这一水循环角度充分识别干旱机理，综合考虑干旱形成的各要素过程，并进一步认识和完善。

1.2.2 气候变化和 LUCC 对干旱影响的研究进展

结合本书的研究主题和国内外相关文献，对气候变化和 LUCC 对干旱影响的相关研究成果进行总结归纳，主要集中在环境变化下对干旱驱动机制研究、气候变化和 LUCC 对干旱影响的量化研究两个方面。

（1）干旱驱动机制研究进展

气候变化和 LUCC 能改变水循环的水文收支过程，而干旱是水循环过程不同环节出现失衡呈现出的一种现象。因此，干旱也同样受气候变化和LUCC 的影响和驱动。气象干旱、农业干旱、水文干旱和社会经济干旱是国际上的主流分类[68-69]。目前的研究主要集中在对气象干旱和农业干旱的主要驱动因素的辨识，以及干旱成因的定性或半定量的探讨上。

干旱受气候变化的驱动。气候变化是干旱形成和发展过程的重要参与者。以气候变暖趋势明显为标志的全球气候变化，不仅引发大气环流异常，也在一定程度上改变了降水的时空分布[70-71]，还直接或间接影响下垫面蒸发、土壤湿度、径流等水循环的关键要素，进而影响产汇流过程。降水时空分布与产汇流过程的改变，可能使水循环发生变异进而导致水资源的时空分布更加不均匀，改变干旱发生的降水量阈值、频率和分布格局等[72-74]，直接增加了干旱的发生风险。在流域干旱事件驱动机制研究上，国内外就气候变化的研究成果较多。如选取青藏高原东侧地区的夏季降水场和青藏高原上空 100hPa 高度场，对其空间结构和相互关系进行分析，表明最终导致东侧地区旱灾的原因是高度场大气环流的变化[75]；对宁夏、广西等地进行气候变化对干旱事件的影响分析，研究认为降水减少或气温升高是导致这些地区干旱发生的主要原因[76-79]；相关分析显示，全球平均温度上升 1℃，中国东北区的干旱化程度将增加 5％～20％[80]。采用美国国家环境预报中心的每月平均地表温度数据，纽约市立大学的研究人员利用气候变化引起的干燥度控制区扩展，对气候变化产生的潜在后果进行了分析，表明处于干旱或半干旱生态系统的地区受到这种变暖影响的面积相当大，还极易受到干旱和土地退化的影响[81]；美国科研人员通过重建非洲之角和亚马逊地区过去 2000 年的温度和干旱情况的结果表明，20 世纪非洲之角干旱的速率异常得快，气候变化使这些地区更加干旱且干旱与最近的全球和区域气候变暖是同步的[82]；基于参与了耦合模式对比计划第五阶段（CMIP5）的 35 个气候模型，对亚马逊地区目前和未来气象干旱变化情况进行研究，表明未来气候变化可能导致亚马孙流域大部分地区气象干旱的地理范围和频率增加[83]。

干旱受 LUCC 为主的人类活动驱动。众多相关研究认为，以 LUCC 为主的高强度人类活动，通过改变流域的下垫面的条件特征（如地表粗糙度以及叶面积等），进而影响气象要素过程和流域产汇流机制等[84-85]，直接或间接使流域水循环过程、水资源时空分布格局以及流域降水的地表再分配过程均发生不同程度的改变[86-88]，进而改变流域干旱事件的时空演变格局。目前，国内外就 LUCC 对流域干旱事件驱动机制也进行了许多研究。如应用美国大陆七个动力气候降尺度模型，对区域气候变化情景进行计算和分析数值研究，表明植被影响和反馈干旱的方式是地—气水分、能量和其他通量交换，气候区与植被对干旱趋势的影响相关[89]；相关研究也显示，森林等地表植被的乱砍滥伐和 LUCC 直接加剧了非洲萨赫勒地区的干旱[90-92]；大量研究[93-97]表明，无度扩张、围湖造田等不合理、无序的 LUCC 为主的人类活动，是干旱加剧的主要原因。值得注意的是，通常认为，在 LUCC 加剧情况，草地和天然森林多转为城镇用地、农田和居民用地，流域下垫面景观格局、水文过程在一定程度上发生改变，流域干旱发生的频率和强度增加与丰水期、蒸散发量年均径流的增大，径流变异性的增加正相关[98]。但由于流域的水文特征都与其地理位置紧密相关，各个流域在地理位置、地形地貌等方面具有其独有的特征，因此，应对各方面因素的影响进行综合考虑，正确评价 LUCC 为主的人类活动对干旱的影响。如小流域森林水文效应是毁林导致年均流量增加，然而对大中尺度流域（＞100km²）的研究却未得出上述结论。当林地总覆盖度减少 50％时，对泰国北部的 Pasak 流域（面积14 500km²）降水径流资料研究表明，年均径流量并未增大[99]。

干旱受气候变化和 LUCC 为主的人类活动共同驱动。目前趋于一致的结论是，干旱是自然因素和人为因素共同作用的结果，受全球气候变化和以LUCC 为主的剧烈人类活动的共同作用与影响。通过分析诸多研究成果发现，影响干旱的因素包括气候因素（自然气候和人为气候）、环境资源因素、地形地貌因素、水资源条件因素、社会经济因素、人口增长因素以及为生存和发展进行的土地开发利用等[100-113]；随着人类活动排放的温室气体和气溶胶，使得近地表层大气成分发生改变，气温升高和降水增加是人为气候影响造成的结果，气候变异明显又对流域水循环过程的时空分布带来影响，加剧了流域干旱强度和发生频率。采用零维能量平衡模型进行分析，结果表明随着人类活动加剧，气溶胶含量升高，进而导致大气温度的升高、地表感热输送和蒸发潜热的减少以及全球对流活动的减弱，最终导致全球干旱[114]。综合使用标准化的降水蒸散指数（Precipitation Evapotranspiration Index，SPEI）和 16 个第五次耦合气候模式比较计划（CMIP5）气候模型，有学者基于 RCP8.5 高排放情景，对 190 个国家未来人口的极端干旱暴露性的变化趋势及其主要驱动因素进行了模拟，结果表明人为的气候变化是造成这一增长的主要因素，贡献占 59.5％，人口增长的贡献占 9.2％，人口增长以及气候变化综合作用的结果为 31.4％[115]。另有学者采用全球气候模型对澳大利亚和美国大部分地区、非洲萨赫勒和北大西洋地区分析温室效应和气溶胶排放对干旱的影响，得出干旱影响面积、频率增加[116-117]，且干旱趋势加快加重[118-121]。还有学者应用全球气候模型对中国预测，表明干旱可能加重[122]。对美国加州干旱的分析表明，引发加州干旱的主要驱动因子是降水。2012—2014 年人为全球变暖对干旱的贡献占 8％～27％，2014 年人为全球变暖对干旱的贡献程度为 5％～18％。自然变异虽然处于主导地位，但人为气候变暖导致了加州干旱发生的概率的大幅提高，并且随着温度的持续升高，可能会导致植物和土壤中的水分被蒸发释放到空气中，引发加州干旱严重程度的加剧[123]。

（2）气候变化和 LUCC 对干旱影响的量化研究进展

对于气候变化和 LUCC 对干旱影响的量化分析方法尚待研究，目前主要是结合一定的干旱指数，参照已有的关于气候变化和 LUCC 对径流过程的影响因子分离与定量评估方法，主要研究方法包括经验参数统计分析法和水文模型数值模拟法。其具体特点、方法、优缺点见表1-5。

表1-5 气候变化和 LUCC 对干旱影响的量化方法

名称	步骤及方法	优点	缺点
经验参数统计分析法	①通过分析典型的长时间序列气象或水文数据的显著转折点 ②采用相关检验、回归分析等统计方法，分析人类活动对水文过程的影响，从而定量评价对流域干旱影响	①选取降水、蒸散发、径流量等典型气象或水文参数，具有明确的物理意义 ②可操作性强 ③已被国内外许多学者应用于对流域干旱影响因子的分析	①缺乏对流域干旱影响的物理机制分析 ②根据特征参数序列统计意义进行分析，受主观因素的影响较大 ③分析确定对干旱影响权重的可靠性尚需进一步判断
水文模型数值模拟法	①采用数学公式进行概化，形成气候、水文或气-陆耦合模型 ②结合一定的干旱指数，水文模型的输出项可为干旱指数的计算提供相应的参数 ③剔除或控制次要因子影响，分析主要因子对流域气候、水文过程的影响，量化对流域干旱的影响	①具有明确的气候-水文物理机制，模型参数有明确的物理意义，清晰地刻画流域范围内气候水文时空演化过程 ②是研究人类活动对流域旱涝事件产生、发展、演化过程影响的重要工具之一 ③已在国内外大量应用	①需要输入大量基础数据，参数较多且需要率定及模型校验等 ②可能使模拟结果产生较大的误差

气候变化和 LUCC 对干旱影响的量化分析研究已有一些成果，如对新疆 50 多年洪灾成灾面积与其影响因子，应用经验参数统计分析法进行影响因子分离和定量评价，结果表明新疆干旱主要受人类活动的影响和受降水异常的影响以 1980 年为分界点[124]。基于 WaterGAP 全球一体化水文模型，模拟欧洲大陆尺度气候变化和人工取用水对未来干旱频率的影响，结果显示

欧洲南方地区干旱频率显著增加[125]。基于大气环流模型 GCMs 的模拟结果，采用水文模型 PRMS，结合相对标准化降水指数 rSPI 和相对标准化径流指数 rSRI，模拟美国俄勒冈州未来干旱情况，结果表明短期干旱的发生频率增大，而长期干旱的发生频率未出现显著变化[126]。基于土耳其在 IPCC‐A2 情景下 21 世纪的降水变化特征，应用区域气候模型 ICTP‐RegCM3，并结合标准化降水指数（Standardization Precipitation Index，SPI）对区域干旱演变特征进行模拟预测，结果表明土耳其西南地区发生干旱的频率、强度、历时都将明显增加[127]。

国内外在气候变化和人类活动对水文循环、水资源量与水质的影响以及适应性对策方面给予了很大的关注，在气候变化和人类活动对流域水循环的定量影响研究上取得了很多有价值的成果。然而，气候变化和人类活动作为干旱的两个主要驱动因素，对干旱影响的定量分析研究仍需深入。就气候变化和 LUCC 对干旱影响研究，仍存在一些不足。

①现有研究大多针对诸如降水、温度或者下垫面条件改变等单一方面展开研究。对干旱的驱动因子进一步细化，尤其是对 LUCC 为主的人类活动对干旱的综合影响机理的分析尚需深入研究，考虑水循环系统分析气候变化和 LUCC 对干旱驱动机理的成果较少。基于关键水循环要素的气候变化和 LUCC 对干旱影响评价是未来研究的重点。

②气候变化和 LUCC 为主的人类活动影响着流域干旱过程，目前对各驱动因素分离与定量评估方法尚未完善，此外水文模型是基于大量物理公式对实际水文过程的概化，此过程必然存在结构性拟合误差，模拟结果的精确度、可靠度还需提高。

③目前，对干旱影响的定量分析还处于起步阶段，现有研究多集中在基于历史统计资料定性分析气候和人类活动中的某些因素对干旱的影响，或是研究单一因子（气候变化或人类活动）对干旱的影响，或是只对气候变化或人类活动干旱的影响做定性分析，且主要是针对具体的气象干旱或农业干旱条件；大多是从干旱成因条件（降水亏缺等），或者是旱情的特征表象（土壤含水量下降、地表径流减少等），或者是干旱的灾害损失等某一方面，来评价旱情严重程度；有些指标过于单一，没有体现旱情随降水亏缺及持续时间的发展变化，且难以反映旱情在地区间和季节上的差异，忽略了这些指标

之间的水文转化联系；未能揭示气候变化和土地利用变化对干旱相对影响作用的大小及其方向。

我国在干旱基础理论研究上与国际研究尚存在着明显差距，考虑国家和区域应对干旱需求，急需开展相关气候变化和 LUCC 对干旱影响的定量研究。如何从流域角度定量分析气候变化和 LUCC 对干旱时空演变的影响、以及基于水文模型和干旱指标耦合的干旱演变模拟评估模式，将是未来干旱影响研究的热点之一。

1.3　主要研究内容及技术路线

1.3.1　主要研究内容

本书基于流域水循环的自然和社会的二元驱动结构以及水循环的关键要素，首先，引入分布式生态水文模型 SWIM，并对其进行适用性评价。通过多要素的长时间序列观测数据的收集整理，在 GIS 的支持下构建研究区分布式生态水文模型，并在参数敏感性分析和率定的基础上，进行多站点、多变量的验证其适用性评价；其次，开展基于 SWIM 模型和干旱指标耦合的研究区干旱评价模式构建及实证研究。采用 SWIM 模型的空间划分模块进行干旱评估单元的划分，基于水文模型的输出数据，获取干旱指数所需的长时间序列气象水文参数并进行计算，在此基础上进行干旱评估单元的识别和实证验证；然后，应用 Arcgis、Matlab 和 R 语言等软件，使用数理统计分析、趋势性分析、地统计学分析和 Copula 函数等方法，探讨研究区气象干旱、农业干旱和水文干旱的时空演变特征。最后，进行气候变化和 LUCC 对流域干旱影响的定量评价研究。通过设置情景模拟方案，对研究区气象干旱、水文干旱、农业干旱分别进行模拟，参照径流演变贡献定量分离技术进行气候变化和 LUCC 对干旱影响的定量识别和分离，所得结论可为黑土区流域水资源分配和干旱应对措施的制定提供科学的参考依据。

（1）流域分布式水文模型构建及适用性研究

针对研究区气象站点较少的问题，采用 R 软件进行气象数据插值处理；结合黑土区土壤、植被等下垫面实际特性进行参数敏感性分析、参数率定和模拟结果验证；考虑到径流、蒸散发都是重要的水平衡分量，在径流模拟结果验证基础上，增加对研究区潜在蒸散发的模拟，并采用气象站蒸发皿实测数据进行验证，提高模型适用的准确性和可靠性。

（2）基于 SWIM 模型和干旱指标耦合的流域干旱评价模式构建研究

优选气象干旱、水文干旱、农业干旱指标，构建适用于研究区的综合干旱指数，结合水循环模型模拟输出的潜在蒸散发、径流和土壤含水量等结果，进行二者耦合，搭建流域干旱评价模拟平台，并通过 GIS 工具进行空间展布；根据干旱阈值划分标准和游程理论进行干旱识别，并对干旱评价单元的干旱指标进行计算，基于旱灾统计信息、气象干旱图集进行干旱评价结果的合理性验证。

（3）流域气象干旱、农业干旱、水文干旱时空演变特征的分析

基于分布式生态水文模型 SWIM，进行干旱评估单元划分和干旱指标相关数据长时间序列资料的获得，选取 SPEI、PDSI、PHDI 构建研究区干旱评价模式，开展气象干旱、水文干旱、农业干旱影响范围、频率、历时和强度等特征的分析和计算；对流域干旱的时空演变规律进行分析，并采用 Copula 函数计算干旱历时和干旱强度联合分布的重现期和同现期。

（4）气候变化和 LUCC 对流域干旱影响的定量评价研究

在对研究区气候变化和 LUCC 进行分析的基础上，考虑气候变化和不同人类活动影响，基于长时间序列数据设定基准期和影响期。通过设置气候变化和 LUCC 对干旱影响的情景模拟方案，开展气候和土地利用变化对流域气象干旱、水文干旱、农业干旱影响范围、频率、历时和强度等特征的影响定量识别和分离。

1.3.2　技术路线

本研究的技术路线如图 1-1 所示。

1.3.3　创新点

（1）定量评价了 SWIM 模型在东北黑土流域的适用性。SWIM 模型在我国南方湿润地区、西北半干旱半湿润地区均有应用，但在东北黑土区域的适用性评价研究少有报道。选择在地形、土壤、气候、水土保持等多方面具有代表性的乌裕尔河中上游流域为研究区，评价 SWIM 模型在东北黑土

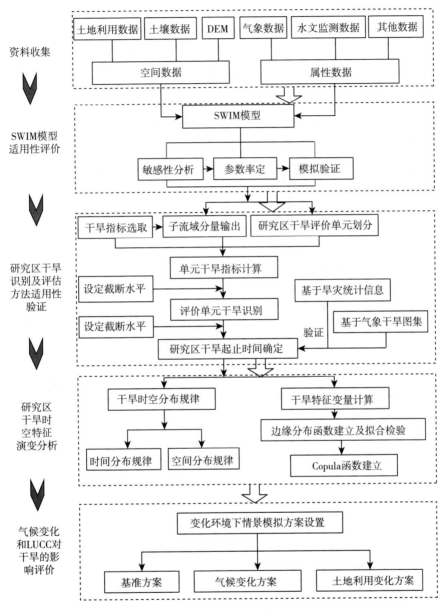

图 1-1 研究技术路线图

区流域的适用性，可为模型的推广应用、水资源综合管理、抗旱减灾等提供科学依据。

（2）修正了帕尔默旱度模式的气候特征系数 K，使 PDSI 指数在研究区的空间可比性更好。气候特征系数 K 值是评价帕尔默旱度模式 PDSI 指数的关键参数。针对松嫩平原西部已建立的修正帕尔默旱度模式应用的局限性，即在相对面积较小的区域应用精度偏低。考虑乌裕尔河中上游流域的面积偏小的现状，为更准确地反映研究区的实际情况，依据研究区长时间序列的数据对气候特征值 K 值做了进一步修正，并应用于研究区。

（3）厘定了乌裕尔河中上游流域气候变化和 LUCC 对干旱的影响。将干旱指标与 SWIM 模型结合，构建研究区干旱模拟模型并进行真实性验证，在此基础上设置情景模拟方案，厘定流域气候变化和 LUCC 对气象干旱、水文干旱、农业干旱的影响，补充并扩展了东北黑土区以气候变暖、强干扰下的土地利用/覆被变化为特点的干旱效应研究。

1.4 本章小结

本章首先从国内外干旱发展的趋势入手提出问题，说明研究问题的重要性和必要性；其次，围绕研究的问题，对干旱指标、气候变化和 LUCC 对干旱的影响的相关研究进展进行了综述，并对当前研究中存在的问题进行了总结；在此基础上，提出本书研究的目的、主要内容、技术路线和创新点。

第 2 章　研究区概况

东北黑土区水绕山环、沃土千里，是我国最大的商品粮基地，在保障国家粮食安全方面具有重要的区位和资源优势。乌裕尔河中上游流域作为东北典型黑土漫岗区、农业区、黑龙江省商品粮主产区、季节性冻土区、气候变化敏感区，兼具典型黑土区的自然地理特征和强人类活动的干扰过程，是开展黑土区研究的重点地区。本章主要对东北黑土区及乌裕尔河流域概况进行了介绍。

2.1　东北黑土区概况

关于东北黑土区的地域界定，因研究目的和角度不同一直在认识和观点上存在着一定的差异[128-133]，通常存在着"广义"和"狭义"两个层次。广义黑土区也称东北黑土区，按照土壤地带分布的均一性、地质地貌形态的相似性、国民经济结构的整体性为界定依据[131-132]，区域范围包括黑龙江、吉林、辽宁和内蒙古的部分地区。水利部松辽水利委员会 2004 年论证其地域面积为 $103 \times 10^4 \mathrm{km}^2$，其中黑龙江省 $45.25 \times 10^4 \mathrm{km}^2$，吉林省 $18.7 \times 10^4 \mathrm{km}^2$，辽宁省 $12.29 \times 10^4 \mathrm{km}^2$，内蒙古自治区 $26.72 \times 10^4 \mathrm{km}^2$；狭义黑土区主要分布在松辽流域腹地，以黑土分布为主，穿插部分黑钙土等，包括黑龙江省的北安市、嫩江县到吉林省的四平市的狭长地带，面积约为 $11.78 \times 10^4 \mathrm{km}^{2[132-133]}$，称其为东北典型黑土区。

东北黑土区地貌类型依次为中低山区、丘陵区、漫川漫岗区、风沙坨甸区和平原区，海拔 $150 \sim 1400\mathrm{m}$[134]，地形复杂、地势起伏，汇水面积较大。中部的东北漫川漫岗区为平原地貌，缓坡、坡长，绝大部分为 $3° \sim 7°$坡地，坡长多为 500～2 000m，最长达 4 000m[135]，土壤侵蚀严重[136]。该区地处中高纬，属寒温带、温带大陆性季风气候，四季分明，雨热同季。冬季寒冷而漫长，夏季温暖而短促，春季干旱多大风，秋季气温骤降，霜冻较早。季节性冻层普遍，土壤冻结深度达 1.5～2m，延续时间长达 120～200 天。年平均气温为 −7～11℃，自南向北逐渐递减。年极端气温最高 39.5℃，最低 −45.3℃，日较差 12～16℃。年日照时数范围为 2 550～2830h，年均蒸发量 1 840～2 297mm，年均风速 4.0～4.5m/s[137]。年和季降水量均呈带状分布，自东南向至西北方向逐渐减少，年均降水量为 380～743mm，年内降水量不均，夏季降水量最大，占全年降水量的 75%，春季和秋季次之，冬季最少。土层浑厚，有机质含量高，有利于农业生产，素有"一两土二两油，攥一把直流油"的形象描述，暗棕壤、黑土、黑钙土、褐土、白浆土、草甸土和沼泽土等广泛分布。受高强度垦殖等人类活动的干扰，"捏把黑土冒油花"的黑土地，正在面临水土流失、土层变薄、肥力下降等问题。水利部2010—2012 年开展第一次全国水利普查数据显示，侵蚀沟道已达 295 663条，黑土厚度变薄、水土流失严重[138]。

东北黑土区由于降水时空分配不均，春季风大少雨，历年春旱严重，有时春、夏连旱，如 20 世纪 70 年代和1982 年、1989 年均出现了全区性严重旱灾。近年来，环境变化背景下干旱化趋势不断增加[139-140]，对国民经济建设造成了很大影响，给人民生命财产带来了严重损失。对干旱问题的研究显得格外重要和有现实意义。

2.2 乌裕尔河流域概况

2.2.1 区位条件

乌裕尔河，相关图集和资料中也称呼裕尔河，是嫩江水系的一级支流、黑龙江省最大的内陆河，位于黑龙江省西部（125°20′—128°30′E，47°40′—48°20′N），发源于北安市小兴安岭西麓山区向松嫩平原过渡地带，北源鸡爪河和南源轱辘滚河在北安市境内汇合后称为乌裕尔河。干流经北安、克山、克东、拜泉、依安、富裕等市县，最终流入扎龙湿地。地势东北高、西南低，呈长条形，全长 587km，平均宽度 61km，最大宽度 80km，面积约

1.5 万 km²。自源地至依安为低丘陵区,坡度较缓,下游为低平原区,河道逐渐进入沼泽地区,呈现出无尾河特征。丘陵起伏,漫川漫岗地势明显,水土流失严重,形成了大量的侵蚀沟。有的侵蚀沟甚至数千米长,几十米宽,集中连片的农田被切割得支离破碎。对中上游流域遥感解译结果显示,侵蚀沟数量 1965—2005 年,增加了 4.49 倍;2005—2012 年,增加了 1.12 倍;1965—2012 年,增加了 5.03 倍[141]。

乌裕尔河中上游流域位于典型黑土区范围内,土壤肥沃富含有机质、土地垦殖率高,已多被开垦为农田,典型黑土区土地利用特征明显;由低山丘陵、漫川漫岗、低湿地平原依次过渡,漫川漫岗沟壑侵蚀,典型黑土区标志性地貌特征突出。作为典型黑土漫岗区、农业区、黑龙江省商品粮主产区、季节性冻土区、气候变化敏感区,兼具典型黑土区的自然地理特征和强人类活动的干扰过程,是开展黑土区研究的重点地区。因此,研究区选定为乌裕尔河流域依安水文站以上的部分,是黑龙江省黑土地的中心地带,将流域出口选在依安水文站,集水面积为 8 296.33km²,其中水土流失面积5 788.70km²。

2.2.2　气候条件

流域地处大陆性季风盛行区,属典型内陆半干旱气候,冬季气候干冷,夏季温热多雨且昼夜温差较大,春秋两季气温变化急剧,干旱多风。流域多年平均气温 1.5～3℃,其中最低为 −20℃,最高为 22℃,分别出现在一月份和七月份。多年平均降水在 400～500mm 之间,年际变化明显,从上游到下游逐渐增强,干旱年份降水不足 250mm,丰水年降水超过 600mm;降水年内分配不均,呈单峰型,主要集中在 6—9 月,多短促急剧的暴雨,占全年降水量的 80%,春冬季节干旱少雨。多年平均水面蒸发量 900mm,由东北向西南递增,蒸发量大于降水量。年平均日照 2 704h。年均风速 4m/s以上,大于 16m/s 的天数平均为 18 天;年内各月风速最大月份出现在春季,尤其是 4—5 月气流活动频繁,大风天气在 16 天以上,最高风速达26m/s。

2.2.3　河网水文

乌裕尔河支流较多,水源丰富。上游为柳毛沟,左侧有鸡爪河、东轱辘滚河、西轱辘滚河，右侧有小柳毛河、闹龙河、得提河等 7 条主要支流，中游主要支流有泰溪河、润津河、鳌龙沟、太平川、宝泉河，依安县以下河道消失，发育着大面积的河滨沼泽湿地，被列入国际重要湿地名录的扎龙湿地就在其内。河床狭窄，河道弯曲、紊乱，坡降较缓。平均封河日期为 11 月 9 日，开河日期为 4 月 12 日，封冻日数 156 天，最大冰厚 1.27m。其水源多以降水为主，其次为冰雪融水，地表径流较为丰富，年平均流量 11.6m³/s，年平均径流量 3.74 亿 m³。径流多集中在 5—9 月，约占年径流量的 90%。径流年际变化明显，丰、枯水年径流相差悬殊。洪水多由大面积降水形成，主要集中在 7、8 月份，洪水变幅较大，历时较长，最大洪峰流量 3 125m³/s，枯水期流速 0.5m³/s。代表性的水文站有 3 个：北安站、依安站、龙安桥站。源头至依安站之间的中上游流域是主要的产流区，依安站以下流域是中上游径流的散失区。

2.2.4 土壤资源

土壤类型以广义黑土即黑土、黑钙土、草甸土为主，达 78.5%，其他的暗棕壤等零星分布。土壤团粒结构好，有机质含量在 3%～5%左右，自然肥力较高，集中连片，土质疏松，适宜农耕，流域垦殖历史已有上百年。受长期重用轻养，耕作方式粗放以及近年来经济发展人口增长的影响，漫川漫岗地形造成的坡度虽缓，但坡面较长，导致汇水面积增大，径流冲刷力强的影响，以及地处典型季节性冻土区，冻融交替使黑土表层物理性状受到破坏，土壤黏聚力、抗冲能力降低，导致春季冻融侵蚀严重的综合影响，流域水土流失严重，黑土理化性状退化生态环境被严重破坏。1996 年起已被纳入全国水土保持重点防治区。

2.2.5 植被资源

植被类型主要为森林—草甸植被和耕地植被，其中耕地是主要的植被景观类型，其次为森林—草甸、草原交错分布的原始自然植被景观。耕地植被主要分布在平原地带及其他地势平坦地区，经多年耕种，形成人工植被类型，主要有水稻、大豆、玉米、小麦、杂粮及蔬菜、经济作物等，此外还有田间杂草。特别是中上游毁林造田和下游湿地围垦现象严重，近 20 年来，农田面积比重持续上升。林地只在坡度较陡，不适合耕作的地区分布。受地形、气候影响，植被类型地带性特征明显。森林的地带性植被为红松阔叶混交林，主要为低山丘陵次生林，林相或是以蒙古柞为主的带状天然次生林，或是以柞、山杨、黑桦、白桦为主的块状混交天然次生林；草甸植被类型包括浅山平岗地带由森林植被向草甸植被的过渡类型、平原草甸类型、沼泽及沼泽化草甸类型，木本多以白桦、小叶杨、各种柳树、柞树为多，局部地区有榛柴灌丛；草本主要有三棱草、西伯利亚羽茅、青慧以及兼具经济和药用价值的其他草种等。

2.2.6　水资源

20 世纪 80 年代以来，流域水资源量呈现小幅度的增加趋势。水资源总量平均为 $6.10 \times 10^8 m^3$。其中，20 世纪 80 年代为 $5.61 \times 10^8 m^3$，90 年代为 $6.50 \times 10^8 m^3$，21 世纪以来为 $5.94 \times 10^8 m^3$。在空间分布上和地形以及降水等水文气象特征基本一致，均为由东北向西南递减趋势，月均水资源量在 3.93—240.71mm 之间，汛期较高，冬季较低，并且中上游大于下游[142]。近 40 多年来中上游洪泛强度呈下降趋势，下游扎龙湿地的边缘地区缺水明显，造成南部和北部出现严重的沙化和盐碱化，西部荒漠化严重，部分沼泽和中小湖泊日渐干涸。

2.2.7　历史旱情

根据《中国气象灾害大典（黑龙江卷）》，乌裕尔河流域旱灾具有频繁性、普遍性、连续性、季节性等分布性特征。随着气候变化、经济发展、人口增长带来的强人类活动干扰以及日用水需求的增加，近年来流域干旱问题凸显，如发生频率增加、干旱范围扩大、致灾损失加重等。

频繁性："十年九春旱"，发生干旱的年份多于正常年份（表 2-1）。

普遍性：全流域出现干旱的年份有 1964、1967、1971、1973、1976、1978、1979、1982、1989、1992、1995、1999、2000、2001、2002、2004、2007 和 2008 年。其中 1967、1979、1982、1989、1995、1999、2000、2002、2004、2007 年几乎全流域出现干旱。

连续性：在所有的县市中连续正常的时间有 2 年、3 年和 4 年，其中连续 2 年是正常年份的最多。连续干旱的时间有 2 年、3 年、4 年、5 年（1967—1971 年），主要集中发生在 20 世纪 70 年代、90 年代和 2000 年以后。

季节性：年内降水在时间上分布不均。春旱是流域发生范围较广、危害较大、出现概率最高的一个季节性干旱，素有"十年九春旱"之说。

表 2-1　研究区各市、县连续干旱统计表

市县	连续干旱年	连续正常年
北安市	1983—1986，1989—2001，2003—2005，2007—2008	1959—1961，1987—1988
克山县	1964—1965，1978—1979，1967—1971，1999—2002	1959—1961，1973—1975，1985—1988，2005—2006
克东县	1964—1965，1970—1971，1975—1976，1978—1980，2007—2008	1959—1961，1983—1984，1996—1997
拜泉县	1964—1965，1967—1968，1970—1971，1976—1978，1989—1990，1999—2000，2007—2008	1974—1975，1985—1986
依安县	1964—1967，1970—1971，1978—1979，1982—1983，1999—2002，2007—2008	1974—1975，1996—1997

干旱是困扰东北黑土区的主要自然灾害，也是制约乌裕尔河流域全面可持续发展的主要灾害。乌裕尔河流域地处大陆性季风盛行区，属典型内陆半干旱气候，就农业区位而言，位于黑龙江省黑土区中心地带，西邻嫩江平原，以农牧业为主，是黑龙江省主要商品粮基地之一，土地垦殖率高，对水旱条件依赖性大；就生态区位而言，既是扎龙湿地的供水源，又是阻止湿地西部嫩江流域土地荒漠化向东发展的最重要生态屏障，发挥着保护松嫩平原黑土地的强大功能。尽管如此，现实情况却令人担忧。近年来，受气候和土地利用变化的双重影响，流域水文过程与水资源时空分布发生了巨大的变化，加剧了干旱发生的频率和强度，严重威胁着粮食安全和生态安全，制约着流域经济的可持续发展。虽然对流域的综合治理项目和生态环境的研究深入开展，但对流域干旱的研究相对还很薄弱，如干旱的现状及趋势如何？发生、发展及其演变规律如何？气候和土地利用变化对干旱的影响如何？诸如

此类的问题尚未得到有效解决。因此，对乌裕尔河流域干旱问题的研究也就成为必须直面的一个重要现实课题。

2.3 本章小结

对东北黑土区和研究区流域自然环境的全面把握，有助于深化对问题的研究。本章首先参考已有研究对黑土区地域进行了界定，将中国东北黑土区分为广义的黑土区与狭义的典型黑土区两个层次；然后通过对黑土区和研究区流域的自然地理环境等现状的收集、归纳和分析，从地理位置、地形地貌、气候条件、土壤、植被、水文条件等方面分别对东北黑土区和乌裕尔河流域进行了介绍，总结出乌裕尔河中上游流域位于典型黑土区，土壤、土地利用、地形地貌、气候特点等多方面都具有典型黑土区流域的特征；最后在此基础上，对研究区的选取进行了说明。

第 3 章　研究方法与数据来源

3.1　SWIM 模型

3.1.1　模型历史

20 世纪 70 年代中期，美国农业部农业研究服务中心组织研发了用于模拟土地管理对水、沙和营养盐的影响的田间尺度 CREAMS（Chemicals，Runoff and Erosion from Agricultural Management Systems）模型。20 世纪 80 年代源于 CREAMS 模型，又研发了研究地下水所负载的杀虫剂和养分含量的 GLEAMS（Groundwater Loading Effects on Agricultural Management System）模型、最早用于模拟侵蚀作用对作物产量的影响，现已成为评估农业管理和非点源污染负载量的综合农业田间尺度 EPIC 模型（Erosion‑Productivity Impact Calculator）、评估不同管理模式对农田区域非点源污染影响的 OPUS 模型，但上述模型均适于农田尺度或小流域尺度的模拟运用。为了模拟具有不同土壤类别、土地利用类型和管理模式的复杂流域，又开发了将复杂的流域划分为若干栅格单元的单一事件（暴雨）模型 AGNPS（Agricultual NonPoint Source）、将流域最多划分为十个子流域的非点源污染日尺度模型 SWRRB（Simulator for Water Resources in Rural Basins），随后又开发了通过"联接"子流域出口流量以解决 SWRRB 模型子流域数量存在上限的 ROTO（Routing Outputs to Outlet）模型。但 SWRRB 和 ROTO 模型存在输入和输出文件繁多，计算空间需求大的不足。为此，20 世纪 90 年代综合上述模型优点，将 SWRRB 和 ROTO 模型纳入一个流域尺度模型，研发了可以将流域划分为千百个子流域和栅格单元的日尺度连续型的 SWAT（Soil and Water Assessment Tool）模型。之后，德国波茨坦气候所

Valentina Krysanova 等进一步融合并尽量保留 SWAT 和 MATSALU 的优点，同时避免了重复参数化等问题，整合成为中尺度流域模型 SWIM（Soiland Water Integrated Model）。SWIM 模型发展过程见图 3-1。

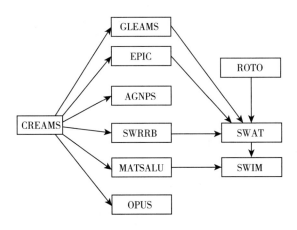

图 3-1　基于 CREAMS 的 SWIM 模型发展过程

3.1.2　模型概述

模型综合了流域尺度的水文、植被、侵蚀和养分动态过程，并以气候数据、农业管理数据作为模型的外部驱动因子（图 3-2），将复杂的水文现象和过程概化，运用数学物理方程在每一个水文响应单元内对地表径流和地下径流过程进行细致的刻画，并通过河道汇流形成流域出口断面汇总，以此来描述真实的水文过程。

模型水文模拟系统由土壤表层、根系层、浅水层以及深水层四个层面组成（图 3-3），同时将土壤划分为若干土壤层，并假定土壤剖面的水分入渗至浅水层，浅水层又逆向回归成为河道径流的补给。降水、蒸散发、渗透、地表径流和壤中流共同构成土体的水量平衡系统。地下水补给、上升到土壤表层的毛细管水，地下水回流及向深层含水层的渗漏等构成浅水层的水文过程。模型分三个步骤进行日尺度的模拟运算：首先，计算每个水文响应单元的水的动态变化；其次根据上一步结果的面平均，特别是壤中流和养分流，估算出子流域的输出；最后，考虑到传输损耗，运用汇流程序进行估算出口断面的输出结果。

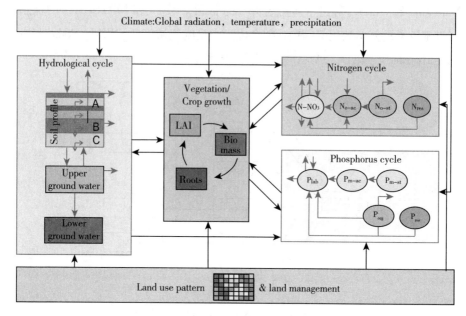

图 3-2 SWIM 模型结构图[143]

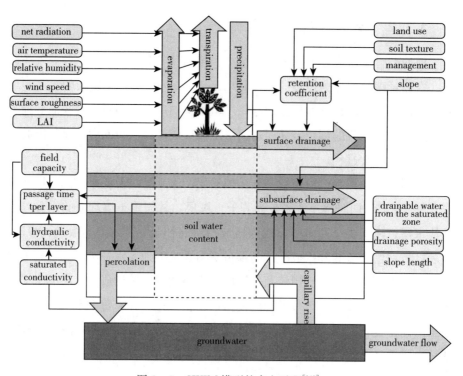

图 3-3 SWIM 模型的水文过程[143]

模型水文过程相关计算公式如下：

基于水量平衡原理，SWIM 水文子模型计算方程为：

$$SW(t+1) = SW(t) + PRECIP - Q - ET - PERC - SSF$$

$$(3-1)$$

式（3-1）中，$SW(t+1)$ 为第 $t+1$ 天的土壤含水量，$SW(t)$ 为第 t 天的土壤含量水，$PRECIP$ 是降水（融雪也要纳入降水量中），Q 是地表径流，ET 是蒸（散）发，$PERC$ 是渗漏，SSF 是壤中流。所有要素单位均为 mm。

方程中涉及的参数计算公式如下：

（1）融雪：模型中，融雪视为雪盖温度的函数

$$SML = 4.57 \times TMX \quad 0 \leqslant SML \leqslant SNO \quad (3-2)$$

式（3-2）中，SML 为融雪率，单位为 mm/d；SNO 为换算为水的降雪，单位 mm；TMX 是日最高气温，单位℃。

（2）地表径流：基于日降水资料作为输入以及动态保留系数 SMX，采用 SCS 曲线数方程模拟地表径流量：

$$Q = \frac{(PRECIP - 0.2 \times SMX)^2}{(PRECIP + 0.8 \times SMX)}, \quad PRECIP \geqslant 0.2 \times SMX$$

$$Q = 0, \quad PRECIP < 0.2 \times SMX$$

$$(3-3)$$

式（3-3）中，Q 为日径流量，$PRECIP$ 为日降水量，单位均为 mm；SMX 为保留系数。保留系数在空间上随着土壤、土地利用、坡度及管理的不同发生变化，时间上随土壤含水量的变化而发生变化。根据 SCS 方程，SMX 与 CN 曲线数相关：

$$SMX = 254 \times \left(\frac{100 - CN}{CN} \right) \quad (3-4)$$

式（3-4）中，CN 为表征降水前期流域空间异质性特征的一个综合参数，是无量纲常数。确定 CN 需要三个反映流域土壤水分对 CN 的影响变量。据流域前期降水量的大小，SCS 曲线模型把流域前期水分条件划分为三个等级，即干旱（CN_1）、正常（CN_2）和湿润（CN_3），其值可于 SCS 水文手册上查询。

SMX 随着土壤含水量的波动而动态变化的计算公式为：

$$SMX = SMX_1 \times \left(1 - \frac{SW}{SW + \exp(WF_1 - WF_2 \times SW)} \right)$$

$$(3-5)$$

式（3-5）中，SMX_1 是与 CN_1 相关的 SMX 值；SW 是土壤含水量，以 mm 为单位；WF_1 和 WF_2 是形状参数。

$$WF_1 = \ln\left(\frac{FC}{1 - SMX_3/SMX_1} - FC\right) + FC \times WF_2 \quad (3-6)$$

$$WF_2 = \frac{\ln\left(\frac{FC}{1 - SMX_3/SMX_1} - FC\right) - \ln\left(\frac{PO}{1 - 2.54/SMX_1} - PO\right)}{PO - FC}$$

$$(3-7)$$

对 SMX 进行了如下假定：

$$若\ SW = WP, SMX = SMX_1$$
$$若\ FCC = 0.7, SMX = SMX_2$$
$$若\ SW = FC, SMX = SMX_3 \quad (3-8)$$
$$若\ SW = PO, SMX = 2.54$$

式（3-8）中，SMX_2、SMX_3 分别为对应 CN_2、CN_3 的保留系数，WP 为枯萎点含水量，FC 为田间持水量，PO 为土壤孔隙度，单位均为 $\text{mm} \cdot \text{mm}^{-1}$。

$$FFC = \frac{SW - WP}{PC - WP} \quad (3-9)$$

估算冻土径流时，若土壤第二层温度低于 0℃，通过公式计算冻土保留系数 SMX_{froz}：

$$SMX_{\text{froz}} = SMX \times [1 - \exp(-0.000\ 862 \times SMX)]$$

$$(3-10)$$

（3）径流峰值：使用修正的 Rational 公式对子流域的径流峰值进行估算。公式为：

$$PEAKQ = \frac{RUNC \times RI \times A}{360} \quad (3-11)$$

式（3-11）中，$PEAKQ$ 为径流峰值，单位 $\text{m}^3 \cdot \text{s}^{-1}$；$RUNC$ 是无量纲的径流系数，描述流域的渗透特征；RI 为流域汇流期雨强，单位 $\text{mm} \cdot \text{h}^{-1}$；$A$ 为流域面积，单位 ha。

据公式（3-5）推导的 Q 及日降水量 $PRECIP$（单位均为 mm），每日径流系数计算公式如下：

$$RUNC = \frac{Q}{PRECIP} \qquad (3-12)$$

用 TC 代表汇流时间（单位 h），$PRECIP_{tc}$ 代表汇流期的降水量（单位 mm），降水强度公式为：

$$RI = \frac{PRECIP_{tc}}{TC} \qquad (3-13)$$

（4）下渗：模型应用储量汇流法对每层土壤的渗流进行模拟，计算公式为：

$$SW(t+1) = SW(t) \times \exp\left(\frac{-\Delta t}{TT_i}\right) \qquad (3-14)$$

式（3-14）中，$SW(t+1)$、$SW(t)$ 分别为模拟日中开始和结束时的土壤含量水，单位 mm；Δt 为时间间隔（模型中为 24 小时），TT_i 是水分在第 i 层中通过的时间，单位 h；因此，很容易推导各土层下渗率 $PREC_i$ 的计算公式。

$$PREC_i = SW_i \times \left[1 - \exp\left(\frac{-\Delta t}{TT_i}\right)\right] \qquad (3-15)$$

TT_i 通过线性储量方程进行计算：

$$TT_i = \frac{SW_i - FC_i}{HC_i} \qquad (3-16)$$

式（3-16）中，HC_i 为导水率，单位 mm·h^{-1}；FC_i 为 i 层田间持水量，单位 mm。

$$HC_i = SC_i \times \left(\frac{SW_i}{UL_i}\right)^{\beta_i} \qquad (3-17)$$

式（3-17）中，SC_i 为 i 层的饱和传导率，单位 mm·h^{-1}；UL_i 为饱和土壤含水量，单位 mm·h^{-1}；β_i 为形状参数，表征 FC_i 与 UL_i 二者的关系，计算公式为：

$$\beta_i = \frac{-2.655}{\log\left(\frac{FC_i}{UL_i}\right)} \qquad (3-18)$$

（5）壤中流：模型采用有限差分形式的质量连续方程对整个土壤剖面的壤中流进行模拟。

$$\frac{SUP_2 - SUP_1}{t_2 - t_1} = WIR \times SL - \frac{SSF_1 + SSF_2}{2} \qquad (3-19)$$

式（3-19）中，SUP 代表饱和层超过田间持水量的可流动储水量，单位 m・m^{-1}；t 为时间，单位 h；SSF 代表侧向壤中流，单位 m^3・h^{-1}；WIR 代表饱和层的入流率，单位 m^2・h^{-1}；SL 代表坡面长度，以 m 为单位；下标 1 和 2 分别代表时间步长的开始时间和结束时间。可流动储水量 SUP 是按时间步长进行更新的。

$$SSF = \frac{2 \times SUP \times SC \times \sin(v)}{PORD \times SL} \tag{3-20}$$

式（3-20）中，SC 为土壤导水率，单位 mm・h^{-1}；v 为坡面陡度，单位 mm^{-1}；$PORD$ 为土壤可排水孔隙度，单位 mm^{-1}。

（6）潜在蒸散发：据 Priestley-Taylor 估算潜在蒸散发 EO，计算公式为：

$$EO = 1.28 \times \left(\frac{RAD}{HV}\right) \times \left(\frac{\delta}{\delta + \gamma}\right) \tag{3-21}$$

式（3-21）中，EO 为潜在蒸散发，单位 mm；RAD 为净辐射，单位 MJ・m^{-2}；HV 为气化潜热，单位 MJ・kg^{-1}；δ 为饱和水汽压的斜率，单位 kPa・C^{-1}；γ 为干湿常数，单位 kPa・C^{-1}

$$HV = 2.5 - 0.002\,2 \times T \tag{3-22}$$

$$VP = 0.1 \times \exp\left[54.88 - 5.03 \times \ln(T+273) - \frac{6\,791}{T+273}\right] \tag{3-23}$$

$$\delta = \left(\frac{VP}{T+273}\right) \times \left(\frac{6\,791}{T+273} - 5.03\right) \tag{3-24}$$

$$\gamma = 6.6 \times 10^{-4} \times BP \tag{3-25}$$

$$BP = 101 - 0.011\,5 \times ELEV + 5.44 \times 10^{-7} \times ELEV^2 \tag{3-26}$$

上述式中，T 为平均日气温，单位℃；VP 为饱和水汽压，单位 kP；BP 为大气压，单位 kP；ELEV 为海拔，单位 m。

实际太阳辐射量无法获得，可据最大太阳辐射估算，计算公式为：

$$RAM = \frac{711}{D^2} \times \left(\emptyset \times \sin\left(\frac{2\pi \times LAT}{360}\right) \times \sin(\theta) + \cos\left(\frac{2\pi \times LAT}{360}\right) \times \cos(\theta) \times \sin(\theta)\right) \tag{3-27}$$

式（3-27）中，D 为地球半径矢量，单位 km；$\emptyset$ 为太阳的半日历时；LAT 是站点的纬度，单位度；θ 为太阳赤纬即地球赤道平面与太阳和地球中心连线之间的夹角。

任意一天的地球矢量半径 D 计算公式为：

$$D = \frac{1}{\sqrt{1 + 0.335 \times \sin\left[\frac{2\pi \times (t + 88.2)}{365}\right]}} \qquad (3-28)$$

太阳赤纬计算公式为：

$$\theta = 0.4102 \times \sin\left[\frac{2\pi \times LAT}{360}\right] \times \tan(\theta) \qquad (3-29)$$

太阳半日历时计算公式为：

$$\varnothing = \cos^{-1}\left[\tan\left(\frac{2\pi \times LAT}{360}\right) \times \tan(\theta)\right], \varnothing = 0, \theta > 1; \varnothing = \pi, \theta \leqslant -1$$

$$(3-30)$$

净辐射 RAD 估算公式为：

$$RAD = RAM \times (1 - LAB) \qquad (3-31)$$

式（3-31）中，LAB 为地表反照率。

在植物生长期，LAB 估算公式为

$$LAB = 0.23 \times (1 - SCOV) + ALB_{soil} \times SCOV \qquad (3-32)$$

式（3-32）中，0.23 为植物反照率；LAB_{soil} 为土壤反照率；$SCOV$ 为土壤覆被指数。

$$SCOV = \exp(-0.05 \times BMR), 0 < SCOV \leqslant 1 \qquad (3-33)$$

BMR 是地表生物量和作物残留量的总和，单位 $t \cdot km^{-2}$。

（7）植被蒸腾和土壤蒸发。植被蒸腾计算公式如下：

$$EP = \frac{EO \times LAI}{3}, \quad 0 < LAI \leqslant 3.0$$

$$EP = EO, LAI > 3.0 \qquad (3-34)$$

式（3-34）中，EO 为潜在日蒸发量，由公式（3-21）求得；EP 为植物蒸腾率，单位同 EO，均为 $mm \cdot d^{-1}$；LAI 为叶面积指数。

计算土壤实际蒸发分两阶段。

当土壤蒸发仅受到来自土壤表面的能量限制时，此阶段蒸发量与潜在土壤蒸发大体相当，用叶面指数函数估算土壤潜在蒸发公式为：

$$ESO = EO \times \exp(-0.4 \times LAI) \qquad (3-35)$$

当土壤累计蒸发大于 6mm 这一上阶段的界限时，此阶段土壤蒸发的计算公式为：

$$ES = 3.5 \times (\sqrt{TST} - \sqrt{TST-1}) \qquad (3-36)$$

式（3-36）中，ES 为第 t 天的土壤蒸发，单位 $mm \cdot d^{-1}$；TST 为第二阶段的持续天数。

3.1.3 参数敏感性分析及模型适用性评价方法

参数敏感性分析是水文模型构建与应用的关键环节，其目的在于确定参数对模拟结果的影响程度，从而剔除不重要的参数，减少参数维数，降低参数的不确定性影响，进而提高模型应用精度[144]。水文模型参数敏感性分析常用的方法有筛选分析法、回归分析法、基于方差的分析方法以及代理模型法等，其中回归分析方法能在所有输入同时影响输出的情况下，分析单项输入敏感性，同时能够描述输入输出间的关系，应用起来简单方便[145]。本书利用给定不同模型参数值和对应的模拟精度（纳希效率系数 E 值、径流相对误差 r）的偏相关系数作为评价模型参数敏感性的指标。对于观察序列，特定输入变量 X_j 和模型输出变量 Y 之间的偏相关系数定义为：

$$Cor_{X_j Y} = \frac{\sum_{i=1}^{m}(X_{ij} - \overline{X}_j)(Y_i - \overline{Y})}{\sqrt{\sum_{i=1}^{m}(X_{ij} - \overline{X}_j)^2}\sqrt{\sum_{i=1}^{m}(Y_i - \overline{Y})^2}} \qquad (3-37)$$

式中，X_j 为模型参数，Y 为径流相对误差 r 或纳希效率系数 E，$\overline{X}_j$、$\overline{Y}$ 分别为输入变量 X_j、输出变量 Y 平均值，$\overline{Y} = \sum_i Y_i/m, \overline{X}_j = \sum_i X_{ij}/m$，i 为观测次数（i = 1，…，m），$X_{ij}$ 为对特定模型参数 X_j 给定 i 次不同的值并分别运行模型得到的每次输出结果。$-1 < Cor_{X_j Y} \leqslant 1$，$Cor_{X_j Y}$ 大于 0 时正相关，小于 0 时负相关。$Cor_{X_j Y}$ 的绝对值越接近于 1，两要素关系越密切；越接近于 0，两要素关系越不密切。

使用纳希效率系数（E）和多年径流量相对误差 r 来评价 SWIM 模型的适用性。纳希效率系数（E）的计算公式如下：

$$E = 1 - \frac{\sum_t (Qobs_i - Qsim_i)^2}{\sum_t (Qobs_i - \overline{Qobs})^2} \qquad (3-38)$$

式（3-38）中，$Qobs$ 为观测流量；$Qsim$ 为模拟流量；$\overline{Qobs}$ 为多年平均观测流量；t 为模拟时间，其中，E 值越接近于最大值1时，模拟精度越高。

径流相对误差 r 计算公式如下：

$$r = \frac{\sum Qsim - \sum Qobs}{\sum Qobs} \times 100\% \qquad (3-39)$$

相对误差 r 值越小，表明模拟精度越高。若 r 为正值则表示计算流量高于实测流量，r 为负值，则反之。

3.2　干旱指标选取和干旱等级划分

干旱成因复杂，发生缓慢且无明显征兆，难于准确对其识别和精确量化。目前大多采用干旱指标作为干旱有无发生和干旱等级确定的标准，但目前干旱指标众多，侧重点也各不相同，并且各自都具有一定的时间尺度[146]，如旬尺度、月尺度，季尺度、半年尺度以及年尺度等。通常对气象干旱评价的时间尺度为月、季、半年或年尺度，对水文干旱评价的时间尺度往往为月尺度，对农业干旱评价的时间尺度一般为月或旬尺度。因而根据研究目的选择干旱指标适宜的时间尺度就成为必须解决的首要问题[147]。本书主要研究气候变化和 LUCC 对气象干旱、农业干旱和水文干旱的影响，为便于分析三类干旱之间的联系，时间尺度统一选择为月尺度。干旱指标大都是建立在特定的地域和时间范围内，有其相应的时空尺度。

不同干旱类型干旱指标不同，同一干旱类型干旱指标也不同，因气候条件及地理环境的差异，干旱指标应用于不同区域进行干旱识别也存在差异，因此选取适合研究区的干旱指标对所研究的问题至关重要。合理的干旱指标应物理意义明确，并能有效反映干旱的历时、强度、等级等要素。基于此，有学者构建了6个权重评价标准对每一干旱指数进行赋值评判的研究[148]。参考该研究成果及其他已有文献，基于数据资料的可获取性，综合考虑各类型干旱的定义，以及各类型干旱指标自身的优缺点，本书分别选取标准化降水蒸散指数 SPEI、Palmer 干旱强度指数 PDSI 和 Palmer 水文干旱强度指数 PHDI 作为评价气象干旱、农业干旱和水文干旱的指标，以上指标均为无量纲量，能广泛适用于各种自然环境、物理机制明确、时效性强[148]。

（1）SPEI 指数

SPEI 是对降水量与潜在蒸散量的差值序列的累积概率值进行正态标准化后的指数。月尺度的 SPEI 可以清晰地反映干旱过程的细微变化[149]，SPEI 已成为干旱过程监测和评价干旱受增温影响的理想工具[150-151]，目前 SPEI 指数在东北地区已有应用[152-153]。其计算原理是用降水量与潜在蒸散量的差值偏离平均状态的程度来表征某地区干旱。其计算步骤方法如下[154-155]。

①计算月潜在蒸散量（PET）：

$$PET_i = 16.0 \times \left(\frac{10T_i}{H} \right)^A \qquad (3-40)$$

式（3-40）中，A 为常数；H 为年热量指数；T_i 为 30d 的平均气温，单位为℃。常数 A 和年热量指数 H 的计算公式分别为：

$$A = 6.75 \times 10^{-7} H^3 - 7.71 \times 10^{-5} H^2 + 1.792 \times 10^{-2} H + 0.49 \qquad (3-41)$$

$$H_i = \left(\frac{T_i}{5} \right)^{1.514} \qquad (3-42)$$

$$H = \sum_{i=1}^{12} H_i = \sum_{i=1}^{12} \left(\frac{T_i}{5} \right)^{1.514} \qquad (3-43)$$

②计算逐月的降水和潜在蒸散量差值：

$$D_i = P_i - PET_i \qquad (3-44)$$

式（3-44）中，D_i 为降水量与蒸散量的差值；P_i 为月降水量；PET_i 为月蒸散量，单位均为 mm。

③对 D_i 数据序列进行正态化。因原始数据序列 D_i 中可能存在负值，所以采用 3 个参数的 log-logistic 概率分布对其进行拟合，计算出每个 D_i 数值对应的 SPEI 值。log-logistic 概率分布的累积函数为：

$$F(x) = \left[1 + \left(\frac{\alpha}{x - \gamma} \right)^\beta \right]^{-1} \qquad (3-45)$$

$$\alpha = \frac{(w_0 - 2w_1)\beta}{\Gamma(1 + 1/\beta)\Gamma(1 - 1/\beta)} \qquad (3-46)$$

$$\beta = \frac{2w_1 - w_0}{6w_1 - w_0 - 6w_2} \qquad (3-47)$$

$$\gamma = w_0 - \alpha\Gamma(1 + 1/\beta) \times \Gamma(1 - 1/\beta) \qquad (3-48)$$

上述式中，Γ 为阶乘函数，w_0、w_1、w_2 为原始数据序列 D_i 的概率加权矩。计算方法如下：

$$w_s = \frac{1}{N} \sum_{i}^{N} (1-F_i)^s D_i \qquad (3-49)$$

$$F_i = \frac{i-0.35}{N} \qquad (3-50)$$

④对各月累积水分亏缺量序列的概率分布 $F(x)$ 进行标准化处理：

$$P = 1 - F(x) \qquad (3-51)$$

当累积概率 $P \leqslant 0.5$ 时，

$$w = -2\ln(P) \qquad (3-52)$$

$$SPEI = W - \frac{c_0 + c_1 w + c_2 w^2}{1 + d_1 w + d_2 w^2 + d_3 w^3} \qquad (3-53)$$

式（3-53）中，W 为蒸散降水推导函数的累计概率函数值，$C_0 = 2.515\,517$，$C_1 = 0.802\,853$，$C_2 = 0.010\,328$，$d_1 = 1.432\,788$，$d_2 = 0.189\,269$，$d_3 = 0.001\,308$。

当 $P > 0.5$ 时，以 $1-P$ 表示 P，SPEI 变换符号。

正态标准化处理消除了时空分布上的差异，使得 SPEI 能够适用于反映不同地区、不同时间尺度的旱涝情况，本书中 SPEI 对应的干旱等级按照表 3-1 中的标准进行划分。

表 3-1　SPEI 干湿等级分类

等级	SPEI	类型
1	$-0.5 \sim 0.5$	正常
2	$\leqslant -0.5$	轻度干旱
3	$\leqslant -1.0$	中度干旱
4	$\leqslant -1.5$	严重干旱
5	$\leqslant -2.0$	极端干旱

（2）Palmer 干旱强度指数 PDSI

农业干旱的发生发展的机理极其复杂，受自然和人为因素的影响更大，因此应结合降水、土壤墒情、地表及地下水等信息，选取合适的干旱指标评估农业旱情[156]。PDSI 以可能蒸发的概念为基础，包含降水量、蒸散量、径流量和土壤有效水分储存量在内的水分平衡模式，既考虑当时的水分供给、需求等水分条件，又考虑前期水分状况、持续时间，并采用气候适宜条件（Climatically Appropriate for Existing Condition，CAFEC）对计算结果标准化，使得在空间和时间上该无量纲指数具有可比性，因此是对农业旱情进行定量描述的较理想指标。美国国家减灾中心（NDMC）指出，在农业上它是土壤水分条件敏感影响度量的最有效指数，被用于指示干旱响应活动的开始和结束。其基本要点主要为：其一，干旱是水分持续亏缺的结果，干旱强度是水分亏缺和持续时间的函数；其二，水分亏缺以本月降水量与本月气候适宜降水量之差的修正值来表示，而持续时间因子则以在前月旱度基础上再加上本月水分状况对旱度的贡献来体现[157]。

Palmer 指标首先在美国应用，目前已被广泛应用于描述历史和当前干旱发生的范围和严重程度。但其指标算法在对我国旱情分析上存在一定误差。相关学者对该指标参数做了大量研究工作，并给予了修正和改进。如基于济南气象站及郑州气象站逐年逐月气温和降水等数据作为基本资料，对帕尔默旱度模式进行了修正，建立了我国的气象旱度模式[158]；选取松嫩平原西部地区 11 个气象站的降水、蒸发和土壤含水量资料，根据帕尔默方法的基本原理，建立了修正的帕尔默旱度模式[159]等。研究认为虽然该指标被看成气象干旱指标，但它考虑了诸多水循环过程要素，可较大程度地反映出形成农业干旱的决定因素，因此可将其作为水文干旱、农业干旱的分析工具[158,160-161]；对我国主要的农业干旱指标进行评价结果显示，PDSI 在对干旱的量化程度上，在描述农业干旱起止时间、历时及程度的可信度上，均高于其他指标[162]。基于上述原因，本书将 Palmer 干旱强度指数作为评价农业干旱的干旱指标，并对其进行修正。

修正的 Palmer 指数的计算过程如下。

建立水文账：依水分平衡原理，基于长期气象资料，对各水分平衡分量逐月的实际值、平均值及可能值进行统计和计算，从而建立水文账。Palmer 将土壤分为耕层（0～20cm）和耕层以下的根系层（20～100cm）共上下两层，并以几个代表站点的土壤含水量数据来代表整个区域进行计算 PDSI 指数，这势必影响 PDSI 的估算精度[163-164]。本书通过分布式生态水文模型 SWIM 对流域"自然—人工"二元水循环过程进行模拟，直接或间接计算获得各个子流域的水平衡分量的实际值、平均值及可能值（表 3 - 2）。田间有效持水量 AWC_i 根据世界和谐土壤数据库（Harmonized World Soil Database，HWSD）得到。

表 3 - 2　水文账中逐月水量平衡分量来源

由 SWIM 模型输出获得的实际值		需要计算获得的可能值		需要计算获得的平均值			
PE_i	潜在蒸散发	PR_i	可能补水量	$\overline{ET}$	平均实际蒸散量	$\overline{RPO}$	平均实际径流量
ET_i	实际蒸散发	R_i	实际补水量	$\overline{PE}$	平均可能蒸散量	$\overline{L}$	平均实际失水量
SW_{i-1}	月初土壤含水量	PRO_i	可能径流量	$\overline{R}$	平均实际补水量	$\overline{PL}$	平均可能失水量
SW_i	月末土壤含水量	L_i	实际失水量	$\overline{PR}$	平均可能补水量	$\overline{PE+R}$	平均水分需要
RO_i	实际地表径流量	PL_i	可能失水量	$\overline{RO}$	平均实际径流量	$\overline{P+L}$	平均水分供给

相关计算公式为：

$$R_i = \max[0,(SW_i - SW_{i-1})] \qquad (3-54)$$

$$PR_i = AWC - SW_{i-1} \qquad (3-55)$$

$$PRO_i = AWC - PR_i = SW_{i-1} \qquad (3-56)$$

$$L_i = \max[0,(SW_{i-1} - SW_i)] \qquad (3-57)$$

$$PL_i = \min(PE_i,SW_{i-1}) \qquad (3-58)$$

根据以上计算结果计算蒸散系数 α、补水系数 β、径流系数 γ、失水系数 δ 和气候特征值 k。上述系数均为各自的实际平均值和可能平均值之比。

$$\alpha = \frac{\overline{ET}}{\overline{PE}} \qquad (3-59)$$

$$\beta = \frac{\overline{R}}{\overline{PR}} \qquad (3-60)$$

$$\gamma = \frac{\overline{RO}}{\overline{PRO}} \qquad (3-61)$$

$$\delta = \frac{\overline{L}}{\overline{PL}} \qquad (3-62)$$

$$k^* = \frac{\overline{PE} + \overline{R}}{\overline{P} + \overline{L}} \qquad (3-63)$$

依上步计算的气候常数，求水分平衡各分量的气候适宜值。计算公式为：

$$\hat{P}_i = \widehat{ET}_i + \hat{R}_i + \widehat{RO}_i - \hat{L}_i \qquad (3-64)$$

$$\widehat{ET}_i = \alpha PE_i \qquad (3-65)$$

$$\hat{R}_i = \beta PR_i \qquad (3-66)$$

$$\widehat{RO}_i = \gamma PRO_i \qquad (3-67)$$

$$\hat{L} = \delta PL_i \qquad (3-68)$$

计算水分距平值（也称月降水偏差）d，然后将降水偏差转换为水分距平指数 Z。d 即该月的实际降水量 P_i 与气候适宜 CAFEC 降水量的差值。Z 指数，它反映某特殊月天气相对于该月平均水分气候的异常，$Z>0$，代表水分盈余，处于湿润状态；$Z<0$，代表水分亏缺，处于干旱状态。因其未考虑在时间上前期的水分状况对旱情持续时间的影响，还不能作为干旱指标。

$$d_i = P_i - \hat{P}_i \qquad (3-69)$$

$$Z_i = k^* \times d_i \qquad (3-70)$$

Palmer 将干旱强度视为水分亏缺量和持续时间的函数，采用指数值（X）来定量描述区域干湿等级，并将干旱分为轻微干旱、中等干旱、严重干旱和极端干旱四个等级（表 3-3）。基本公式为：

$$X_i = Z_i/3 + 0.897X_{i-1} \qquad (3-71)$$

式（3-71）中，$Z_i/3$ 是本月水分状况对旱度贡献，$0.897X_{i-1}$ 为所有前期的水分状况对本月旱度的影响。

修正权重因子 K：

$$Z_i = K_i \times d_i \qquad (3-72)$$

$$K'_i = 1.5\log_{10}\left[\frac{\dfrac{\overline{PE}_i + \overline{R}_i + \overline{RO}_i}{\overline{P}_i + \overline{L}_i} + 2.8}{\overline{D}_i}\right] + 0.5 \qquad (3-73)$$

$$K_i = \frac{17.67}{\sum\limits_{j=1}^{12} \overline{D}_j K'_j} K_i \qquad (3-74)$$

$$\overline{D}_i = \sum\limits_{all\ years} |d_i| \qquad (3-75)$$

上述式中，K 为调整后的权重因子，K' 为 k^* 的估计值，$\overline{D}$ 为 d 绝对值的平均；$\dfrac{\overline{PE_i} + \overline{R_i} + \overline{RO_i}}{\overline{P_i} + \overline{L_i}}$ 为一个地区某个月份平均水分需求与水分供给的比值。公式（3-71）、公式（3-72）即为修正的 PDSI 指数。本研究将对研究区的 PDSI 干旱指数进行修正。

表 3-3　帕尔默干旱指数干湿等级表

指数值 X	等级划分
$0.00 \sim 0.99$	正常
$-1.00 \sim 1.99$	轻微干旱
$-2.00 \sim 2.99$	中等干旱
$-3.00 \sim 3.99$	严重干旱
$\leqslant -4.00$	极端干旱

（3）Palmer 水文干旱指数 PHDI（Palmer hydrological drought index，PHDI）

在 Palmer 的计算中，某个月的干旱强度取决于该月的水分异常，也取决于其前和其后月份的干旱强度。在导致干旱的气象条件的结束与环境从干旱中恢复过来之间，存在时间上的滞后。因此通过计算 PDSI 干旱强度指数和 Palmer 水文干旱指数将这一滞后加于区分。PDSI 认为当水分条件开始不断变化直到缺水消失时干旱结束；而 PHDI 则认为水分短缺完全消失时干旱才结束，这一滞后对水文干旱的评估是适当的，与气象干旱相比，水文干旱本来变化就慢[148]。

在 PDSI 的计算中，每个月都包括初始湿润期 X_1、初始干旱期 X_2 和持续期 X_3 共 3 个中间指数以及一个概率因子 P_e。X_1 为当月湿润期开始的可能性，X_2 为当月干旱期开始的可能性，X_3 为已经开始的湿润期或干旱期的严重程度，P_e 为当月结束干旱段或湿润段的可能性。选择三项（X_1、X_2 或 X_3）之一用于分段返回程序计算 PDSI，选择哪一项取决于已发生干旱或湿润期的结束概率（如果概率值表示持续干旱已经结束，则选 X_1 项用于 PD-SI 的计算；如果概率值表示持续湿润期已经结束，则选 X_2 项；如果概率值不到 100%，则选 X_3 项）。"持续期"（X_3）项的值比"初始期"（X_1 和 X_2）项的值变化慢。X_3 是长期水文水分条件指数，也称为 Palmer 水文干旱指数

（PHDI）。具体计算公式如下：

利用当前干（湿）期结束概率（P_e）来决定实际的 PDSI 值。它的意义是计算需要得到（失去）多少水分才能使当前干（湿）期回到正常状态，设需要得到（失去）的水分为 ZE，则有：

$$0.5 = 0.897 PDSI_{i-1} + \frac{ZE}{3}, 当 PDSI_{i-1} > 0.5 \quad (3-76)$$

$$-0.5 = 0.897 PDSI_{i-1} + \frac{ZE}{3}, 当 PDSI_{i-1} < 0.5 \quad (3-77)$$

$$ZE = \begin{cases} 3(0.5 - 0.897 PDSI_{i-1}), & 当 PDSI_{i-1} > 0.5 \\ 3(-0.5 - 0.897 PDSI_{i-1}), & 当 PDSI_{i-1} < 0.5 \end{cases}$$
$$(3-78)$$

这里认为大于 -0.15 的 Z 值对于结束干旱有效，定义有效增湿量 U_w、有效增干量 U_d。

$$U_w = Z + 0.15 \quad (3-79)$$

$$U_d = Z - 0.15 \quad (3-80)$$

使当前干（湿）期结束的概率 P_e 可以看作是得到（失去）的水分与确切地结束当前干（湿）期所需要得到（失去）的水分的百分比率。然而，P_e 的计算不能简单地用 U_w 或 U_d 与 ZE 相比，因为在一段比常年湿的趋势中可能会出现一个干月，由此带来一个负的 U_w，所以这里又设计了一个有效增湿（干）累积量 V，计算如下：

若使当前干期结束，则 V_i：

$$V_i = \begin{cases} V_{i-1} + U_w, & 若 -U_w < V_{i-1} \\ 0, & 若 -U_w \geqslant V_{i-1} \end{cases} \quad (3-81)$$

若使当前湿期结束，则 V_i：

$$V_i = \begin{cases} V_{i-1} + U_d, & 若 -U_d < V_{i-1} \\ 0, & 若 -U_d \leqslant V_{i-1} \end{cases} \quad (3-82)$$

则当前干（湿）期结束的概率 P_e 由下式得到：

$$P_e = \frac{V_i}{ZE + V_{i-1}} \times 100\% \quad (3-83)$$

在一个干（湿）期里，当 P_e 达到 100% 时，则开始一个回算（Backtracking）计算过程，以此来决定 PDSI 值。这里要注意的是，在前面计算

PDSI 值时，实际上设立了三个指数 X_1、X_2 和 X_3 来分别统计，三个指数的值都是按照公式（3-71）来计算，X_1 为初始湿期的 PDSI 值，X_2 为初始干期的 PDSI 值，X_3 为当前确立干（湿）期的 PDSI 值，实际的 PDSI 值是根据一系列的规则从 X_1、X_2 和 X_3 之中挑选出来的，而这些规则就是通过 P_e 来决定的。PDSI 不仅反映了干旱程度，而且包含了干旱的起止时刻。

3.3　干旱基本评价单元划分和研究区干旱识别

3.3.1　干旱基本评价单元划分

干旱的空间分布具有不均匀性，因而干旱评价需要明确研究的空间尺度，划分干旱基本评价单元，在对干旱基本单元评价基础上，进而延伸至对整个研究区的干旱评价。常见空间划分方法主要有泰森多边形法[165]和矩形网格法[166]。本书结合已有研究，参照 SWAT-PDSI 干旱评价模式[50,167]进行研究区的干旱基本评价单元划分。基于 SWIM 模型模拟的时空尺度作为干旱评价的时空尺度，并将 SWIM 模型模拟划分的子流域单元编号与干旱基本评价单元编号进行对应，直接利用站点数据，采用基于最优插值的地统计学方法，应用 R 软件进行气象插值展布到各干旱基本评价单元。

3.3.2　研究区干旱识别

判断研究区在某一时间段干旱与否，要明晰基本评价单元干旱和研究区干旱的区别和联系。后者较前者考虑了干旱的空间异质性，是在对前者识别基础上的统计分析和再识别。目前，根据游程理论采用阈值法进行干旱的识别，是应用最广泛的方法。参考已有研究成果[168-169]，本书根据游程理论采用阈值法对研究区干旱进行识别。按以下步骤进行：

（1）关键参数的选取

作为干旱识别的两个关键参数，截断水平和临界面积是识别干旱评估单元和研究区某时刻是否处于干旱状态的两个阈值，同时也是准确进行干旱时空演变分析的必要前提。目前截断水平和临界面积确定还没有统一的方法。本书结合已有成果和研究区实际情况选取截断水平和临界面积，并通过与历史记载的典型干旱年份以及气象干旱图集进行时空对比，来分析所选取的参数是否合理。

（2）干旱评估单元的干旱识别

①根据 SWIM 模型划分的各干旱评估单元的月面降水量以及月潜在蒸散发等数据，计算各干旱基本评价单元各时段干旱指数值。

②选取截断水平为 $z(p,k)$，作为发生干旱的截断水平值。

③对于研究区任意干旱基本评价单元 k，在 t 时段的干旱指标值 $z(t,k)$，在 t 段处于干旱状态用 1 代表，未处于干旱状态用 0 表示，则按以下公式进行识别：

$$\begin{cases}1, & \text{若 } z(t,k) < z(p,k) \\ 0, & \text{若 } z(t,k) \geqslant z(p,k)\end{cases} \tag{3-84}$$

（3）研究区的干旱识别

①统计各时段干旱单元面积占总面积的比例 $A(t)$。

②根据已有文献[170]，选取临界面积为研究区面积的 20%，即 $Ac=20\%$。

③对于研究区 t 时段，处于干旱状态用 1 代表，未处于干旱状态用 0 表示，则按以下公式进行识别：

$$\begin{cases}1, & \text{若 } A(t) \geqslant Ac \\ 0, & \text{若 } A(t) < Ac\end{cases} \tag{3-85}$$

3.4　干旱特征值计算

干旱评价的指标主要包括干旱历时、强度、影响范围和发生频率。本研究对研究区三类干旱的时空分析就是分析上述干旱特征变量的时空演变特征。

（1）干旱历时（D）

干旱历时即研究区某次干旱事件的总持续时间，见图 3-4。

（2）干旱强度（S）

干旱强度即研究区某次干旱事件在其干旱历时（D）内各时段各干旱基本评价单元的干旱强度面积加权之和。各时段各干旱基本评价单元的干旱强度为截断水平与干旱指标的差值，见图 3-4。

对于干旱历时和强度，根据游程理论，设 x_0 为阈值，当 x 大于或等于

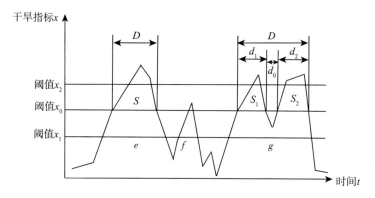

图 3-4　干旱特征定义图

x_0 时即发生干旱，正的游程长度为干旱历时 D，游程总量为干旱强度 $S^{[171]}$。本书假设如果两次干旱过程（干旱历时和干旱强度分别为 d_1、d_2 和 S_1、S_2），中间有且只有 1 个月的 x 小于 x_0 且大于 x_1（$x_0 > x_1$），则视为一次干旱过程，干旱历时 $D = d_1 + d_2 + 1$，干旱强度 $S = S_1 + S_2$。如果某次干旱过程历时只有 1 个月，且 $x < x_2$，则此次干旱过程为小干旱过程，本书予以忽略。图 3-5 为干旱特征定义图，根据上述假设，图 3-5 中包括 2 次干旱过程（e 和 g）。

（3）干旱率（R）

本书干旱影响范围用干旱率来表示，即在一定时间范围内，研究区干旱发生面积占总面积比例的百分数[172]。

$$R = \frac{S_d}{S_t} \times 100\% \qquad (3-86)$$

式中，S_d 为干旱面积，单位 km^2，S_t 为研究区面积，单位 km^2。

（4）干旱频率（F）

干旱频率可以对干旱的历时、强度、干旱率和时空分布等特征进行描述和揭示。有研究定义干旱频率为一定时期内干旱发生月数与总计算月数之比，其中，轻微（中等、重度、特别）干旱频率指轻微（中等、重度、特别）或者轻微（中等、重度、特别）以上干旱发生频率[50]。

$$F = \frac{n}{N} \times 100\% \qquad (3-87)$$

式（3-87）中，n 为统计时间段内发生不同类型干旱的月数；N 为统计时间段的总月数，以此揭示干旱严重程度的空间分布，但未能很好地对干旱历时、强度等特征变量的频率分布、干旱频率对应的重现期以及干旱的概率特性等频率分析中的重要问题进行描述分析。本书在以上定义基础上，选用常见的各种分布对每个特征进行概率分布拟合，优选拟合最好的分布为干旱特征变量的近似概率分布，基于 Copula 函数考虑干旱的多特征，对干旱的多特征变量的边缘分布通过联合分布函数进行连接，并对其进行参数估计和拟合优度指标评价及优选。据此基于联合分布函数对干旱的概率特性进行描述。

3.5 干旱特征变量分析方法

3.5.1 单变量特征分析

对于每个干旱特征变量，我们都用各种常用的分布进行拟合，比如正态分布、指数分布、Gamma 分布、广义 Pareto 分布、Weibull 分布等，根据极大似然估计法进行参数估计，并采用了 Kolmogorov - Smirnov 检验方法对拟合结果进行了显著性检验，据此优选出干旱各单变量特征指标的边缘分布函数。

对于一个随机变量 X，分别服从上述分布，则指数分布函数 $F(x)$：

$$F(x) = 1 - e^{-ax} \qquad (3-88)$$

式（3-88）中，e 为未知参数。

Gammar 分布函数 $F(x)$：

$$F(x) = \int_0^x \frac{x^{a-1}}{\beta^a \Gamma(\alpha)} e^{-\frac{x}{\beta}} dx \qquad (3-89)$$

式（3-89）中，α 为形状参数，β 为尺度参数。

广义 Pareto 分布函数 $F(x)$：

$$F(x) = 1 - \left(1 - \frac{k}{\alpha}x\right)^{\frac{1}{k}} \qquad (3-90)$$

式（3-90）中，k 为形状参数，α 为尺度参数。

Weibull 分布函数 $F(x)$：

$$F(x) = 1 - e^{-\left(\frac{x}{\lambda}\right)^k} \qquad (3-91)$$

式（3-91）中，k 为形状参数，λ 为尺度参数。

估计参数时可以采用矩估计方法，也可以采用极大似然估计法。本书采用极大似然估计方法（借助 R 语言 MASS 包中的 fitdistr 函数实现）。

本书采用 Kolmogorov – Smirnov（K - S）检验统计量，定义其为：

$$D = \max\left\{\left|C_k - \frac{i}{n}\right|, \left|C_k - \frac{i-1}{n}\right|\right\} \qquad (3-92)$$

式中，C_k 为第 k 个样本 x_k 的理论概率，k 为样本中满足 $X \leqslant x_k$ 的样本观测值的个数，给定显著性水平 α，当 $\sqrt{n}D > K_\alpha$ 时，则拒绝原假设，这里 K_α 满足 $P(K \leqslant K_\alpha) = 1 - \alpha$，其中 K 统计量的分布为：

$$P(K \leqslant x) = \frac{\sqrt{2n}}{x} \sum_{k=1}^{\infty} e^{-(2k-1)^2 \pi^2 / (8x^2)} \qquad (3-93)$$

采用皮尔逊线性相关系数 γ、Spearman 秩相关系数 ρ 和 Kendall 秩相关系数 τ 度量变量间相关关系。计算方法为：

$$\gamma = \frac{\sum_{i=1}^{n}(X_i - \overline{X})(Y_i - \overline{Y})}{\sqrt{\sum_{i=1}^{n}(X_i - \overline{X})^2}\sqrt{\sum_{i=1}^{n}(Y_i - \overline{Y})^2}} \qquad (3-94)$$

$$\rho = \frac{\sum_{i=1}^{n}(R_i - \overline{R})(S_i - \overline{S})}{\sqrt{\sum_{i=1}^{n}(R_i - \overline{R})^2(S_i - \overline{S})^2}} \qquad (3-95)$$

$$\tau = (C_n^2)^{-1} \sum_{i<1} \text{sign}[(x_i - x_j)((y_i - y_j))], (i,j = 1,2,3,\cdots,n)$$
$$(3-96)$$

3.5.2　Copula 函数

令 F 为一个 n 维的分布函数，各变量的边缘分布依次分别为 F_1，F_2，$\cdots$，F_n，那么则有 n 维 Copulas 函数 C，对于任意的 $x \in R_n$，那么其分布函数满足：$F(x_1, x_2, \cdots, x_n) = P\{X_1 \leqslant x_1, X_2 \leqslant x_2, \cdots, X_n \leqslant x_n\} = C[F_1(x_1), F_2(x_2)\cdots, F_n(x_n)]$，式中：$x_1$，$x_2$，$\cdots$，$x_n$ 为观测样本，$F(x)$ 为边缘分布函数。Copula 函数是在 [0，1] 区间上服从均匀分布的多维联合分布函数。

Copula 方法是计算联合分布的有效方法，主要分为椭圆型 Copula 函数和阿基米德型 Copula 函数两大类，阿基米德型 Copula 函数大都是由单个参数控制，简单易用，典型的主要有 Clayton‐Copula，Gumbel‐Copula 和 Frank‐Copula 等。

本书基于 Copula 函数的联合概率分布法对干旱特征指标之间进行双变量分析[173]，采用上述 3 种 Copula 函数将两个特征指标的边缘分布连接起来，构造联合分布函数并进行拟合，根据 Genest 和 Rivest[174] 提出的 Copula 函数的非参数估计方法对其参数进行估计，采用 K‐S 检验统计量 D 对其模型进行拟合检验，按照 SED（Squared Euclidean Distance）原则、离差平方和准则（OLS）和 AIC 信息准则对各种 Copula 函数做拟合优度评价，依此优选出拟合情况最优、适合乌裕尔河流域干旱特征变量相关性 Copula 函数模型；最后基于构造好的联合分布函数计算两种变量特征的干旱发生概率。具体计算公式如下[171,173]。

令 $u = F_X(x), v = F_Y(y)$，则以上三种阿基米德型 Copula 的表达式为：

Clayton‐Copula：

$$F_{X,Y}(x,y) = C(u,v) = (u^{-\theta} + v^{-\theta} - 1)^{-1/\theta} \qquad (3-97)$$

Gumbel‐Copula：

$$F_{X,Y}(x,y) = C(u,v) = \exp\{-[-\ln u)^\theta + (-\ln v)^\theta]^{1/\theta}\}$$
$$(3-98)$$

Frank‐Copula：

$$F_{X,Y}(x,y) = C(u,v) = -\frac{1}{\theta}\ln\left[1 + \frac{(e^{-\theta u} - 1)(e^{-\theta v} - 1)}{e^{-\theta} - 1}\right]$$
$$(3-99)$$

上述式中，θ 为参数，可以通过干旱变量之间的 Kendall 相关系数 τ 求出。它们之间的关系为：

Clayton‐Copula：

$$\tau = \frac{\theta}{\theta + 2}, \quad (\theta \geqslant 1) \qquad (3-100)$$

Gumbel‐Copula：

$$\tau = \frac{\theta - 1}{\theta}, \quad (\theta > 0) \qquad (3-101)$$

Frank‐Copula：

$$\tau = 1 + \frac{4}{\theta}\left[\frac{1}{\theta}\int_0^\theta \frac{t}{(e^t - 1)}\mathrm{d}t - 1\right], (\theta \neq 0) \qquad (3-102)$$

得到各种 Copula 函数的参数估计后，也就得到了干旱历时和干旱强度的联合分布，即可计算每个样本的联合概率值。我们可以按照 SED 原则对各种 Copula 函数做评价对比，其计算方法为：

$$SED = \sum_{i=1}^{n}\left[P_c(i) - P_o(i)\right]^2 \qquad (3-103)$$

式（3-103）中，$P_c(i)$ 是根据估计出的 Copula 函数计算得到的理论上的联合概率值，而 $P_o(i)$ 是经验联合概率分布值，可由下式计算得出：

$$P_o(i) = \frac{m_i - 0.44}{n + 0.12} \qquad (3-104)$$

式（3-104）中，m_i 表示所有样本中满足条件 $X \leqslant x_i$ 且 $Y \leqslant y_i$ 的样本的个数。

当然，也可以利用离差平方和准则和 AIC 信息准则来进行模型优选。

$$OLS = \sqrt{\frac{1}{n}\sum_{i=1}^{n}\left[P_c(i) - P_o(i)\right]^2} \qquad (3-105)$$

式（3-105）中，OLS 值最小的模型为最优的二维联合分布函数模型。

AIC 信息准则包含两部分，一部分是 Copula 函数拟合的偏差，另一部分为因参数个数不同导致的不稳定性，具体计算公式为：

$$AIC = \mathrm{mln}\left(\frac{SED}{n}\right) + 2k \qquad (3-106)$$

式（3-106）中，k 为模型参数个数，n 为样本个数。AIC 值最小的模型为最优的联合分布函数模型。

模型检验依然可以使用 Kolmogorov-Smirnov 检验统计量，具体到二维中，其统计量计算公式为：

$$D = \max_{1 < k \leqslant n}\left\{\left|C_k - \frac{m_k}{n}\right|, \quad \left|C_k - \frac{m_k - 1}{n}\right|\right\} \qquad (3-107)$$

式（3-107）中，C_k 表示联合观测样本 (x_k, y_k) 的 Copula 函数值，m_k 为联合观测样本中满足 $X \leqslant x_k$ 且 $Y \leqslant y_k$ 的观测值的个数。

此外，由联合分布还可以得到条件分布，这对于决策者是非常重要的信息。比如我们想知道当干旱历时超过一定值时干旱强度的分布，该条件分布为：

$$P[(Y \leqslant y \mid X \geqslant x)] = \frac{P(X \geqslant x_0, Y \leqslant y)}{P(X \geqslant x_0)} = \frac{F_Y(y) - F_{X,Y}(x_0, y)}{1 - F_X(x_0)}$$

$$= \frac{F_Y(y) - C[F_X(x_0), F_Y(y)]}{1 - F_X(x_0)}$$

$$(3-108)$$

类似地，干旱强度超过一定值时干旱历时的分布为：

$$P[X \leqslant x \mid Y \geqslant y_0] = \frac{P(Y \geqslant y_0, X \leqslant x)}{P(Y \geqslant y_0)} = \frac{F_X(x) - F_{X,Y}(x, y_0)}{1 - F_Y(y_0)}$$

$$= \frac{F_X(x) - C(F_X(x), F_Y(y_0))}{1 - F_Y(y_0)}$$

$$(3-109)$$

具有两个相同干旱特征变量的连续干旱事件的时间间隔称为干旱重现期[173]。设干旱变量 X 的分布函数为 $F(x)$，N 为干旱系列长度（a），n 为干旱发生次数，则一维干旱特征变量的重现期计算公式为：

$$T_i = \frac{N}{n[1 - F_X(x_i)]} \qquad (3-110)$$

二维干旱变量组合重现期包括联合重现期和同现重现期。二维联合重现期为：

$$T_a = \frac{N}{nP(X \geqslant x \bigcup Y \geqslant y)} = \frac{N}{n\{1 - C[F_X(x), F_Y(y)]\}} = \frac{N}{n[1 - C(u,v)]}$$

$$(3-111)$$

二维联合同现期为：

$$T_0 = \frac{N}{nP(X \geqslant x \bigcap Y \geqslant y)} = \frac{N}{n\{1 - F_x(x) - F_Y(y) + C[F_X(x), F_Y(y)]\}}$$

$$= \frac{N}{n[1 - u - v + C(u,v)]}$$

$$(3-112)$$

3.6 气候变化和LUCC对干旱定量影响分析方法

在以上方法的基础上，本书参照关于气候变化和 LUCC 对径流影响的相关研究成果[175-176]，运用统计分析和 SWIM 模型模拟分析，设置合理的模拟方案，定量分析气候变化和 LUCC 对不同类型干旱演变的影响。

首先，设定基准期和影响期。相关的研究表明，20 世纪 60 年代中期至 80 年代初，乌裕尔河流域径流呈显著减少趋势，80 年代之后流域径流明显减少的趋势不明显[177]。因此，为定量研究气候变化和人类活动对研究区干旱的影响，本书以 1985 年为分界点，将 1961—1985 年定义为"基准期"，1986—2011 年作为"影响期"。通过设置"基准期"和"影响期"的对比方案，计算不同驱动因素作用下干旱特征变化量。共设定 1 个基准期和 2 个影响期对比方案（表 3-4）。

表 3-4 基准期和影响期对比方案设置

模拟方案设置	气候数据	土地利用数据	贡献分离
基准期方案	基准期	基准期	
影响期对比方案 1	影响期	基准期	气候变化对干旱的影响
影响期对比方案 2	基准期	影响期	LUCC 对干旱的影响

其次，根据对以上方案干旱的模拟结果，以及计算出的干旱指标，计算气候变化和 LUCC 对干旱特征变化量。设基准方案的干旱历时、强度、干旱率某一特征平均值为 x_0，不同模拟方案对应的干旱某一特征平均值为 x_i，则对应不同模拟方案干旱特征变化量按以下公式计算：

$$\Delta x = x_i - x_0, \quad i = 1, 2 \tag{3-113}$$

式（3-113）中，$\Delta x > 0$ 表示对干旱影响加剧，$\Delta x < 0$ 表示对干旱影响缓解，$\Delta x = 0$ 表示对干旱影响不明显。

最后，计算气候变化和 LUCC 对干旱的影响。设 $\mu_i (i=1, 2)$ 分别表示气候变化、土地利用变化对干旱的影响，$\mu_i > 0$ 表示对干旱有加剧作用，$\mu_i < 0$ 表示对干旱有缓解作用。则

$$\mu_i = \frac{\Delta x_i}{\sum_{i=1}^{2} |\Delta x_i|} \times 100\% \tag{3-114}$$

3.7 其他统计方法

本书的统计分析和相关分析采用 R 与 Matlab 混合编程的方法。此外，

分析过程中，还使用了计算平均值、线性倾向率、标准差等基本的数理统计方法。

3.8　数据来源及预处理

本书使用的研究数据主要包括四个部分：

空间信息数据。结合本书所要研究的问题，收集了必要的空间基础数据，包括：乌裕尔河流域数字高程模型（Digital Elevation Model，DEM），分辨率为90m，来源于中国科学院计算机网络信息中心国际科学数据镜像网站（http：//datamirror.csdb.cn）；土壤数据，由中国科学院南京土壤研究所制作，分辨率1∶100万；土地利用数据，选取1980、1995、2000、2010年四期 Landsat TM 遥感影像，分辨率为30m，来源于中国科学院对地观测与数字地球科学中心；并采用1980年地形图（1∶5万）用于遥感影像的几何纠正处理，以获取研究区的道路、水系等地理环境背景信息，作为土地利用的辅助数据。

属性信息数据。气象数据来源于中国气象数据网（http：//data.cma.cn），收集了乌裕尔河流域内北安、克山、依安、富裕、海伦、明水6个气象站1961—2011年的逐日气象资料，包括最高气温、平均气温和最低气温、降水、相对湿度、大气压强、水蒸气压、日照时数、风速、大气辐射等日监测数据，还收集了克东气象站1986—1994年小型蒸发皿数据。气象数据经过了台站极值检查和气候界限值检查等多种方法的质量检验及控制。此外，还获取了流域出口依安测站1957—2011年的径流数据。

文献数据。查阅了大量有关东北黑土区和乌裕尔河流域叶面积指数、根系分布、土壤物理属性的研究文献及黑土区土壤理化属性数据资料，以及《中国气象灾害大典（黑龙江卷）》《中国气象干旱图集1956—2009年》、流域内各县市志等资料中关于该流域干旱的相关记载。

野外调查数据。课题组在2015年11月和2016年3月分两次对乌裕尔河流域土壤和土地利用状况开展了调查验证，获取了研究区土壤特性、根系分布、土地利用状况等数据，作为 SWIM 模型的输入或参考数据。

3.9　本章小结

　　本章对研究方法进行了描述，主要包括 SWIM 模型计算公式、参数敏感性分析方法、适用性评价方法、干旱时空尺度的确定方法、干旱指标的选取以及干旱等级划分、干旱基本评价单元划分、研究区干旱识别、干旱特征指标计算、二维 Copula 函数分析方法、气候变化和 LUCC 对干旱影响定量评价的方法等。

第4章　SWIM 模型的参数敏感性
分析及率定和验证

当前，水文模型法是气候变化和 LUCC 水文效应研究的主要方法之一[178]，分布式水文模型已经成为研究流域水文过程及变化的一个重要工具[179]。基于物理参数的分布式生态水文模型 SWIM 是德国波茨坦气候影响研究所在 SWAT 和 MATSALU 模型基础上开发的模拟工具，模型综合了流域尺度的水文、植被、侵蚀和养分动态过程，从 $100km^2$ 到 24 000km^2 流域应用能够很好地描述水量平衡要素的时空分布变异、土壤中的养分循环及其随径流的输送量、与植物或作物生长有关的现象、土壤侵蚀与泥沙传输动态特征、气候与土地利用变化对相关过程和特征方面的影响，相比 SWAT 模型而言，SWIM 模型更侧重于区域尺度的土地利用和气候变化对水文过程的影响[180]。

SWIM 模型自开发以来就受到诸多学者的关注[181-190]。国内研究者为引入 SWIM 模型做了很多有益的尝试。如 SWIM 模型 DEM 尺度效应研究，选取淮河上游长台关地区为研究区，对最佳 DEM 分辨率选取及 DEM 分辨率对流域地形参数与径流模拟影响进行了探讨[191]；不同时空尺度和数据支持下 SWIM 模型的适宜性评价，在淮河流域蚌埠站以上区域建立的模型表明，更适合于 $1\times10^4km^2$ 以下小流域降水—径流关系建立，可能更适合在资料较完善的区域精细地模拟刻画小流域的水文过程[192-193]；应用 SWIM 模型对气候和土地利用变化的水文效应进行模拟[194-196]和定量分析[197-199]等。

东北黑土区地处高纬度，也称寒地黑土区，气候长冬严寒，径流形成受气温的影响更大，径流过程存在春汛和夏汛两个明显的汛期，河流与非寒区河流的水文特性有很大差异。作为我国重要的商品粮生产基地，东北黑土区经过多年高强度的垦殖，加之特有的气候、地貌条件[200]，下垫面受自然变化和人类活动影响明显，水土流失、旱涝灾害等与水相关的生态环境问题非常突出[201]，迫切要求从水循环和生态水文学的角度进行研究并提出生态环境建设和保护的科学对策与措施。SWIM 模型在我国南方湿润地区、西北半干旱半湿润地区均有应用，但在东北黑土区流域的适用性评价研究少有报道。选择在地形、土壤、气候、水土保持等多方面具有代表性的乌裕尔河中上游流域为研究区，评价 SWIM 模型在东北黑土区流域的适用性，可为模型的推广应用、水资源综合管理、抗旱减灾等提供科学依据。

4.1　数据处理

4.1.1　空间数据处理

空间数据均采用 Albers 等积圆锥投影系统，参考椭球体为 Krasovsky。由于不同空间分辨率的数据对模型精度有影响[193]，考虑到研究区的面积[180]，因此将空间数据统一为 90m 分辨率。

（1）DEM 数据

由于数字高程模型 DEM 的分辨率与流域面积相关联，按照 Maidment[202]建议使用的"Thousand-million"规则，本研究采用 90m 空间分辨率 DEM。对下载的分幅 DEM 数据，经坐标转换和数据检查处理，实现跨带数据的无缝拼接，然后将拼接的 DEM 数据和流域出水口坐标加载到 Mapwindow GIS 中，最后得到研究区 DEM 数据。

（2）土地利用数据

利用流域边界裁切出研究区土地利用数据，为了统一空间分辨率，在 ArcGIS 中将数据重采样至 90m。参照模型使用指南[180]，结合乌裕尔河流域的实际情况，土地利用数据分类代码按照 SWIM 的土地利用类别再分类，转化成 SWIM 能够识别的代码（表 4-1）。

表 4-1　SWIM 模型中的土地利用类型及代码

编码	Landuse Type	土地利用类型
1	Water	水体
2	Settlement	居民点
3	Industry	工业
4	Road	道路

（续）

编码	Landuse Type	土地利用类型
5	Cropland	农田
6	Set – aside	保留地
7	Grassland，Extensive Use（meadow）	粗放型草地（草场）
8	Grassland，Intensive Use（pasture）	密集型草地（牧场）
9	Forest Mixed	混合林
10	Forest Evergreen	常绿林
11	Forest Deciduous	落叶林
12	Wetland Nonforested	无林湿地
13	Wetland Forested	有林湿地
14	Heather（Grass＋Brushland）	灌丛（草地＋丛林地）
15	Bare Soil	裸地

（3）土壤数据

来源于中科院南京土壤研究所 1：100 万中国土壤数据库。利用流域边界裁切出研究区土壤数据，转化为栅格 GRID 格式，其栅格大小为 90m×90m。由于我国的土壤类型标准难以满足构建 SWIM 土壤库的要求，需经过一系列土壤参数设置（表 4－2），针对土壤的地球物理参数（土层厚度、容重、孔隙度、土壤有效水含量、田间持水量、饱和导水率等），利用 Matlab 软件选用 3 次样条插值法进行土壤粒径转换，采用美国农业部开发的土壤水特性计算程序 SPAW 进行土壤有机质估算，并对流域包括的 12 种土壤类型进行重新分类，最终得到模型能够识别的土壤类型图。

表 4－2 SWIM 模型每层土壤数据所需参数

参数	单位	参数	单位
土壤层深度	mm	田间持水量	Vol. %
黏粒，粉粒和砂粒的含量	%	饱和传导率	mm/h
容重	g/cm³	有机碳的含量	%
孔隙度	Vol. %	有机氮的含量	%
有效水容量	Vol. %		

4.1.2 属性数据处理

（1）径流数据

根据模型输入数据格式要求，将日径流量单位统一为 m³/s。

（2）气象数据

根据日照时数计算出日总辐射量，并对气象数据分别按模型输入数据格式要求进行了整理。

4.2　流域空间划分及集水面积阈值的确定

SWIM 模型运用了与 MATSALU 模型类似的三级流域划分方案，即流域、子流域、水文响应单元 HRU（Hydrological Response Unit）。首先基于数字地形，获取一定阈值（面积）的子流域，然后通过叠加子流域图、土地利用图和土壤图，进行 HRU 的划分。HRU 内部具有相同的土地利用方式和土壤类型，并有统一的水文响应特征。模型在各个水文响应单元上独立运行，并通过河道汇流形成流域出口断面汇总[180]。

集水面积阈值决定了所提取的子流域信息（出水口位置、面积大小以及分布形态）和数字河网疏密。阈值不同则计算出的流域水文特征信息不同，相应的水文模拟结果也会不同，为此，最佳集水面积阈值的确定以提取的河网尽可能地逼近真实河网为原则。根据研究区面积大小以及阈值划分经验[193]，采用恒定阈值法，给定阈值分别为 90km^2、100km^2、140km^2、150km^2、160km^2、170km^2，在 MapWindow GIS 中，将 1∶25 万水系图导入模型中辅助提取符合实际情况的数字河网，然后根据得到的子流域图、土地利用图和土壤图，分别运行模型；同时利用初步率定的模型参数，模拟依安站 1961—1974 年日径流，并与同期实测值比较，计算拟合相关系数 R 和效率系数 E（表 4-3）。最终确定研究区最佳集水面积阈值为 150km^2，并在此基础上生成数字河网，划分出 27 个子流域和 556 个水文响应单元。

表 4-3　不同集水区面积下的子流域特征参数及模拟产流量的精度

集水区面积（km^2）	子流域个数（个）	水文单元数量（个）	年均径流量	R 值	效率系数 E
90	93	1 206	29.88	0.834	0.39
100	37	653	29.27	0.896	0.43
140	29	577	27.69	0.898	0.47
150	27	556	27.73	0.899	0.48

（续）

集水区面积（km²）	子流域个数（个）	水文单元数量（个）	年均径流量	R 值	效率系数 E
160	27	556	27.67	0.898	0.48
170	25	525	29.30	0.898	0.46

4.3 SWIM 模型参数敏感性分析和率定

基于物理参数的分布式水文模型 SWIM 由大量数学经验公式和概念公式耦合，参数众多。参数的不确定性使模型模拟结果存在很大差异，而要同时提高每个参数的精度又非常困难。参数敏感性分析既可筛选出对模拟结果影响较大的关键参数，从而避免了调参过程中的盲目性，又可为提高参数优化效率和率定提供支持。

本研究敏感性分析所使用的大部分参数来自 wipper.bsn 文件[180]，参考模型指南[180]以及相关文献研究成果[197-198,203-204]，结合黑土区的水文、气候、地理单元的特点，去掉敏感性系数很小的属性，重点考虑敏感性系数较大的属性[205-206]，通过人工扰动分析法对重点参数确定调整范围并手动赋值，分析并检验特定参数变化对模型输出结果的影响。基于依安水文站 1961—1974 年日径流模拟数据，计算给定的不同模型参数值和对应的模拟精度（纳希效率系数 E 值、径流相对误差 r）的偏相关系数。经敏感性分析，确定影响乌裕尔河中上游流域径流模拟结果精度敏感性较强的重要参数有 8 个（图 4-1，参数含义见表 4-4）。

对影响研究区径流模拟结果精度敏感性较强的 8 个重要参数的率定结果见表 4-4。同时考虑到冰雪融化对径流的重要影响，对模型中降雪、融雪（SNOWFALL&MELT）参数也进行率定。由表 4-4 可以看出，对比泾河上游流域的敏感性参数，SWIM 模型参数敏感性在黑土区流域和地处温带半湿润半干旱气候区过渡地带的西北黄土区泾河上游流域[198]表现出较大差异，这也说明参数敏感性分析依赖于流域结构（土地利用、土壤、气候等），其结果具有流域独有特征。

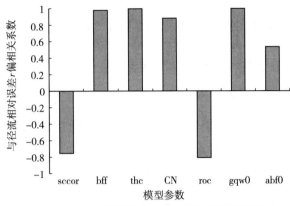

（a）各参数与径流相对误差 r 的偏相关系数

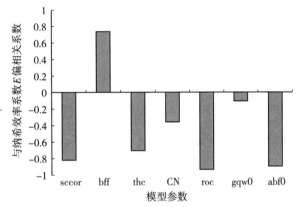

（b）各参数与纳西效率系数 E 的偏相关系数

图 4-1　SWIM 模型参数敏感性分析结果

表 4-4　SWIM 模型率定的主要参数定值

参数代码	参数含义	取值范围	参数值	泾河上游流域参数取值
thc	土壤蒸发修正系数	0.5~1.5	0.7	1.6
CN	SCS 曲线形参数	10~100	70	—
bff	流域基流修正系数	0.2~1.0	0.7	0.01
gwq0	土壤初始含水量贡献率	0.01~1.0	0.03	0.5
abf0	地下水回流速率	0.001~1.0	0.001	0.001
roc2	汇流系数	1~100	1.5	0.5
roc4	汇流系数	1~100	3	2
sccor	土壤饱和传导率校正因子	0.01~10	1.8	5

4.4 SWIM 模型模拟结果验证分析

4.4.1 基于径流的模拟结果分析

在模型运行初期，许多变量初始值为 0 的情况会对模型模拟结果产生较大影响。为减小误差，需要合理估计模型的初始变量。因此，将 1957—1960 年作为模型预热期，确定合适的初始值，1961—1974 年作为模型参数率定期，1975—1985 年作为模型验证期以评价模型的适用性。乌裕尔河流域中上游已有百余年垦殖历史，土地利用以耕地为主，20 世纪 60 年代以来整个流域进入农业土地开发和水利工程修建的高峰期，根据已有研究结果[207]，对比研究区 1980 年土地利用类型构成，发现研究区水域、居民用地、耕地较为稳定。鉴于 1980 年以前的土地利用/土地覆被信息很难获取，因此采用 1980 年土地利用数据作为模型输入。

SWIM 模型对依安水文站径流量模拟率定期结果如图 4-2a、图 4-2c 所示，日、月径流量模拟的纳希效率系数分别为 0.57、0.73，总径流量相对误差 r 为 1.4%；验证期日和月径流模型纳希效率系数 E 为 0.55、0.71，总径流相对误差 r 为 5.9%（图 4-2b、图 4-2d），由以上结果可知，模型经参数率定后，日、月径流模拟值与实测值曲线走势均有较好的一致性；无论是率定期还是验证期，模型对月径流和日径流的模拟效率均满足评价要求，但日径流的模拟效率并非十分理想；应用 SWIM 模型对研究区月径流的模拟效率都优于日径流的模拟效率。

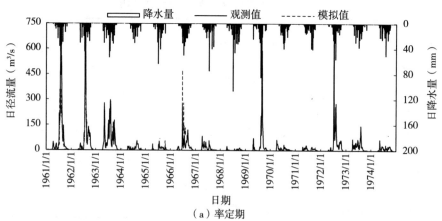

（a）率定期

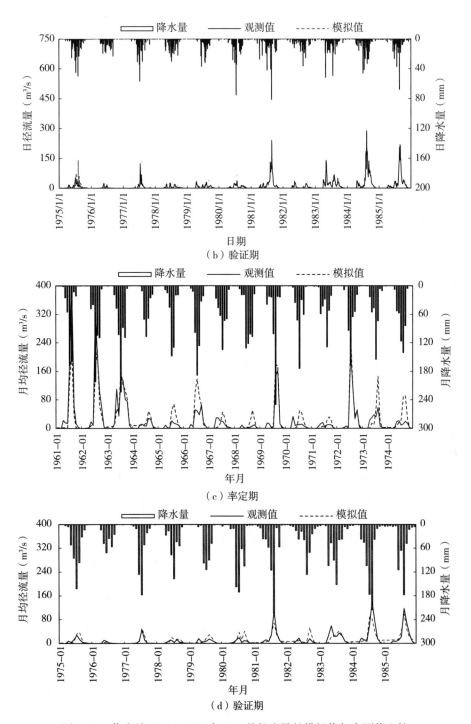

（b）验证期

（c）率定期

（d）验证期

图 4 - 2　依安站 1961—1985 年日、月径流量的模拟值与实测值比较

由 1961—1985 年依安水文站月平均流量变化曲线（图 4 - 3a）可以看出，乌裕尔河流域由于地处寒区，径流具有双峰形特征，河流存在春夏两个汛期。4—5 月气温升高，积雪融化和冻土解冻，径流明显增大，产生春汛；6—9 月降水集中，历时短，强度大，产生夏汛。SWIM 模型对同时具有春汛和夏汛的年份模拟效果较差。春汛期，径流量的模拟值小于实测值，夏汛期径流量的模拟值高于实测值，但基本能够重现汛期的流量变化过程。月平均流量和年径流变化分析表明，校准后的 SWIM 模型在研究区适用性较好，可以在月尺度上应用于与径流相关的各种模拟分析。

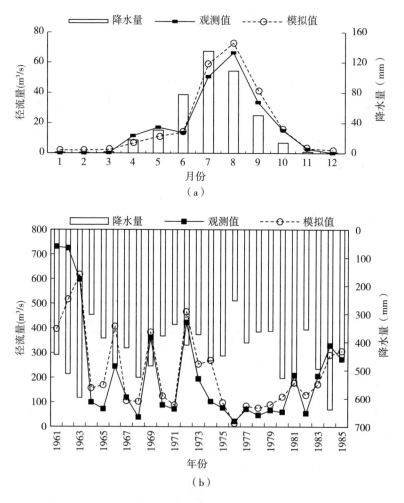

图 4 - 3　1961—1985 年依安水文站月平均流量和年径流变化

对于流域总出水口依安站，影响模型日径流模拟效率的可能原因主要有：

（1）模型校验时段的选取

依安水文站年径流 1964—1973 年处于明显的振荡期，振荡期内丰枯周期交替出现，1974—1982 年为显著的枯水期（图 4-2、图 4-3），丰水年和枯水年分布不均匀。Abbaspour[208]等认为模型模拟的最佳效果需要率定期、验证期丰水年和枯水年均匀分布。

（2）模型结构性拟合误差

SWIM 模型是通过诸多数学公式将流域实际水循环的复杂过程进行简单化，这一过程必然存在着误差。模拟结果表明，春汛期和夏汛期洪峰的模拟值分别低于和高于实测值，其他水文模型对本区的径流模拟研究结果[209-210]均存在同样的问题；此外，个别年份（如 1961 年和 1962 年）的洪峰年模拟值和实测值相差较大（图 4-3b）。究其原因，前者可能是在模型结构上，对融雪和季节性冻土融冻径流的物理过程刻画模糊，以及对降水历时短、强度大的暴雨也按照一般降水—产流机制对待所致；后者的主要原因可能是 SWIM 模型没有包含水库模块，导致个别年份的洪峰年模拟值和实测值相差较大，还有待对模型结构进行深入研究和完善。经查阅松花江流域防汛资料等相关水利资料，依安水文站最大 7 天洪峰量开始日为"1961 年 7 月 30 日、1962 年 7 月 26 日"；20 世纪 50 年代末至 60 年代初，在乌裕尔河中上游修建大量堤防工程和水库，如乌裕尔河北堤工程和先锋水库、保安水库、新曙光水库和宏伟水库等，在洪水期均向主河道开闸泄洪，增大了实测径流量。

（3）某些年份径流模拟的异常高值导致的误差

如 1966 年、1968 年、1974 年、1980 年和 1982 年等，模拟值整体高于观测值，直接加大了全时段模拟结果的整体误差。为分析这些年份径流模拟出现异常高值的原因，对 1961—1985 年依安气象站降水量进行统计分析，发现上述年份的降水量年均值和月均值均高于其相邻年份降水量的年均值和月均值，其中年均降水量增加幅度为 115.79mm，月均降水量增加幅度为 10.61mm。同时这些年份的年径流量模拟值几倍于实测值，对其后续几年的模拟结果影响具有延续性（图 4-3b），这与 Tzyy-Woei[211]、宋艳华等[212]研究结果相似。说明模型对年降水量出现骤增的年份模拟精度较差，在进行与径流相关的模拟时，需要对这些降水异常高值年份做进一步的处理和研究。

4.4.2　基于潜在蒸散发的模拟结果验证分析

为进一步检验模型率定物理参数的适用性和可靠性，选取依安水文站1986—1997年的逐日降水和径流等实测数据，对该时段的月潜在蒸散发进行模拟（采用1995年土地利用数据），并将流域总出水口依安站所在子流域的潜在蒸散发模拟值与气象站点用小型蒸发皿测得的月蒸发量数据进行比较。具体模拟结果如图4-4a所示，二者吻合度很好，纳希效率系数 E 达到0.81。

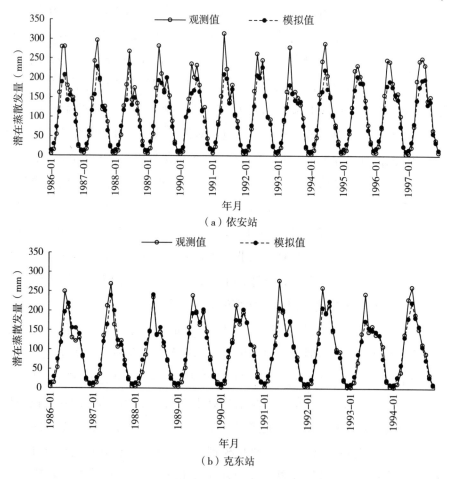

图4-4　SWM模型计算的依安站、克东站1986—1997年

月潜在蒸散量与实测值的比较

　　仅对流域总出水口的径流和潜在蒸散发量进行验证，并不能保证流域内部其他区域的产流等水量平衡分量的准确性，因此需应用更多的子流域出水口的输出量验证模型的适用性。将乌裕尔河流域克东气象站 1986—1994 小型蒸发皿实测数据与模型模拟的克东站所在子流域的潜在蒸散发进行比较（图 4-4b），纳希效率 E 为 0.87。由此，说明率定后的 SWIM 模型能较好地再现乌裕尔河中上游流域的蒸散能力。

　　经 SWIM 模型计算，乌裕尔河中上游流域潜在蒸散发年内变化显著（图 4-5a），月潜在蒸散量的年内分布为冬季小，夏季大。1986—1997 年多年平均月潜在蒸散量最低值为 9.70mm，出现在 1990 年 1 月份；多年平均月潜在蒸散量最高值为 230.89mm，出现在 1988 年 6 月份。1986—1997 年多年平均年潜在蒸散量为 1 150.31mm，多年平均降水量为 520.42mm，蒸散发量是降水量的 2.21 倍。蒸散发主要集中在 4—9 月，占全年蒸散发量的81.25%，其中 6 月的蒸散发量最大；12 月和 1 月的蒸散发能力最弱，合计仅是年蒸散发量的 1.99%；月蒸散发量均大于月降水量，因而该流域气候相对干燥，容易出现干旱。

　　潜在蒸散量的年际变化上（图 4-5b），1986—1997 年，研究区潜在蒸散发量变化幅度在 150mm 左右，年均值 1989 年达到最高值（1 222.77mm），1988 年为最低值（1 077.26mm），潜在蒸散量的气候倾向率为 3.86mm/a，表明研究区年潜在蒸散量呈上升趋势。从季节上看（图 4-5b），春、夏、秋、冬季潜在蒸散量的气候倾向率分别为 1.87、0.81、0.38、1.22mm/a，表明春夏秋冬潜在蒸散量呈上升趋势，夏、秋季上升趋势相对较弱，秋季最弱。其中，夏季（6—8 月）潜在蒸散量最高，春季（3—5 月）、秋季（9—11 月）次之，冬季（12 月至次年 2 月）最低，分别占 32.0%、45.4%、18.3%、4.4%，与张永芳[213]等运用统计分析得到的结果相似。12 年中潜在蒸散发量按年均 50mm 左右递增，变化明显的年份分别为 1988、1991、1986、1989 年，其中 1988、1991 年变化最明显。空间上，年际潜在蒸散发分布区域性明显，总体上由研究区西南部和东北部向中间呈降低趋势，高值区出现在克山县西南部至依安县西北部以及北安市大部分地区，低值区出现在克山县东部及克东县，拜泉县南部大部分地区潜在蒸散发变化最明显。

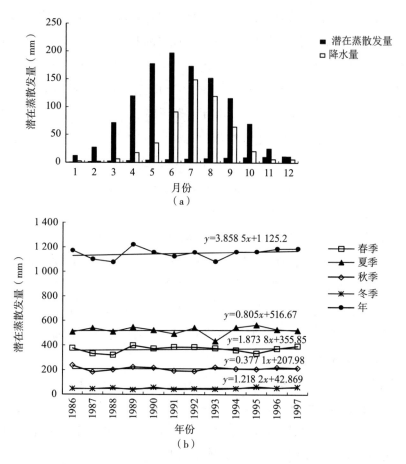

图 4 - 5　1986—1997 年潜在蒸散发量年内分配及年际变化

4.5　讨论

SWIM 模型考虑了气候、下垫面等流域要素的时空异质性，物理和水文意义明显，作为评价气候和土地利用变化对流域水文影响的工具，被广泛应用于欧洲不同尺度流域的水文和水质模拟。本书引入 SWIM 模型，以乌裕尔河中上游流域为研究区，对模型的适用性进行了初步评价，从结果来看，应用 SWIM 模型进行与径流相关的水文过程模拟是可行的。模型在月尺度上对分析东北黑土区气候和土地利用变化对流域水文的影响、流域旱涝评价和水资源管理等方面具有潜在的应用价值，因此有必要对 SWIM 模型在东北黑土区流域的适用性以及水资源管理方面做进一步深入研究。

SWIM 模型将复杂的水文现象和过程概化，运用数学物理方程在每一个水文响应单元内对地表径流和地下径流过程进行细致的刻画，并通过河道汇流形成流域出口断面汇总，以此来描述真实的水文过程。模型需要输入气象、水文、DEM、土壤和土地利用等多种不同数据，并基于实测值检验模拟效果，增加了模拟的不确定性。空间输入数据，如 DEM 精度及栅格大小、子流域划分数目、土壤与土地利用数据的精度、气象站点的空间分布和密度、对流域相关特征的准确描述等决定着水文模拟的结果[214-215]。研究表明，如果信息是不完备的，对于水文模型模拟，并非空间分辨率越精细，就越能够得到较高的模拟精度与最佳的模拟效果[216]。因此，确定适合研究区的最佳空间输入数据分辨率、最佳集水面积阈值以及准确提取子流域参数信息对提高模型的模拟精度至关重要。

东北黑土区季节性冻土层广泛存在，使其水文特点与无冻土区有着显著区别。季节性冻土对上层土壤含水量、土壤蒸发能力和土壤入渗有着深刻影响，从而影响流域产汇流，进而影响径流量[217]。虽然 SWIM 模型考虑的水文过程更加复杂，能够较为精细地刻画流域水文特征，但由本研究模拟日径流的结果发现，SWIM 模型模拟融雪和冻土解冻产生的春汛径流并不理想，模拟值都小于实测值，这可能与东北黑土区的水文特性有很大关系，表明模型在模拟融雪和冻土产流方面还存在一定的限制，还有待对模型结构进行深入研究和完善。

4.6　本章小结

本文引入 SWIM 模型，选取径流和潜在蒸散发等水量平衡分量对模型模拟结果进行了多站点、多变量的验证，对模型在东北黑土区典型流域的适用性进行了初步评价。在对模拟结果分析的基础上得到如下结论：

（1）对流域出口依安水文站采用日降水和径流数据进行模型参数率定和校验结果表明，日径流模拟值与实测值曲线走势有较好的一致性

在率定期和验证期，月径流和日径流的纳希效率系数分别大于 0.71 和 0.55，径流相对误差在 6.0% 以内，模型对径流的模拟结果是可信的，并且

对月径流的模拟效果要好于对日径流的模拟效果。

（2）将流域总出水口依安站所在子流域和流域内克东站所在子流域的月潜在蒸散发模拟值，与气象站小型蒸发皿测得的月蒸发量实测数据进行比较验证，模型效率系数均达到 0.81 以上。

（3）模型应用存在不确定性和局限性

模拟结果表明，SWIM 模型在模拟融雪和冻土产流方面还存在一定的限制，模型模拟融雪和冻土解冻产生的春汛径流并不理想，模拟值都小于实测值；模型对同时具有春汛和夏汛的年份模拟效果较差，但基本能够重现汛期的流量变化过程；模型对于年降水量出现骤增的年份，年径流量的模拟结果会出现异常，年径流量的模拟结果几倍于实测值，同时这些降水骤增年份的影响具有延续性，直接导致了全时段模拟结果的整体误差较大。

（4）经过校准的 SWIM 模型可以应用于月尺度的乌裕尔河流域与径流相关的各种模拟分析

模拟结果具有一定的参考价值，不仅对该流域水环境综合管理提供水文基础支持，对黑土区其他流域也具有一定的推广和应用价值。

第5章 基于 SWIM 模型的干旱评价模式构建及干旱时空演变特征分析

近年来，全球区域干旱化趋势明显[76,218-219]，我国几乎所有省份均有不同程度的旱情，且旱灾造成的损失也呈加重趋势。干旱本质是流域水循环的极值过程之一，以流域为单元对水资源实行统一管理已成为国际公认的科学原则。干旱时空演变规律是区域干旱化的关键特征，是科学认识干旱问题和环境变化下进行干旱预测、预警的理论基础[220-221]，因而干旱时空演变特征的量化表达日益受到重视，诸多学者结合干旱指标，借助 GIS 等工具，采用统计分析和气候统计诊断的方法[61,154]、基于天气学原理的方法[222]、马尔科夫链等系统分析法[223-224]、基于 Copula 函数分析法[171]、遥感反演法[225]等研究方法，对干旱时空演变进行多尺度、多特征变量的分析和描述。然而，现有研究或是仅以研究区内有限个气象站点的平均数据作为评价干旱的基础，忽略了因流域要素的时空异质性，各站点发生干旱的等级不同对干旱的影响；或是仅局限于干旱特征的单变量分析，反映多变量特征之间关系的研究相对较少。因此，从流域尺度对干旱进行时空演变分析，无论从地理学、气候学、水文学的研究角度都非常有意义。基于此，本章在已有研究的基础上，基于 SWIM 模型构建了乌裕尔河中上游流域的干旱评价模式，并对评价方法和结果进行合理性分析和验证，在此基础上，对研究区气象干旱、农业干旱和水文干旱的时空演变进行分析，为下一步气候变化和 LUCC 对干旱的影响研究奠定初步基础。同时也可以丰富该流域干旱定量研究的方法，为揭示干旱时空演变特征提供方法依据，为防旱抗旱和水资源管理提供科技支撑。

5.1 干旱基本评价单元划分和气象数据空间插值有效性验证

参考已有研究[50]，本书干旱基本评价单元基于 SWIM 模型的流域划分（Watershed Delineation）模块和数据预处理模块（Preprocessing）进行划分，并将逐日气象资料插值展布到划分的 27 个子流域，建立降水、温度等气象水文要素数据的空间栅格分布，提高气象水文数据的丰度，以此来更为细致地刻画局部干旱的相关特征。在此基础上构建基于子流域的月尺度干旱评价模式，对研究区 1961—2011 年干旱问题进行研究，共划分 612 个评估时段和 27 个干旱基本评价单元。

应用 SWIM 模型的流域划分模块和气候插值模块对拜泉和克东气象站所在子流域进行月降水、月温度插值，并分别同这两站的月实测数据进行相关性分析（因克东站缺少 1995—1996 年实测数据，只比较 1961 年 1 月—1994 年 12 月），温度相关系数 R 分别为 0.998 5、0.999 2。降水相关系数

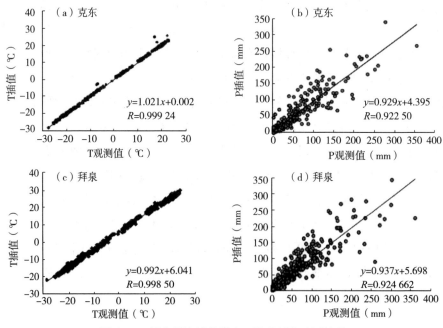

图 5-1 部分子流域月降水、温度插值验证结果

分别为 0.924 7、0.922 5。结果表明，二者之间存在极显著的相关性，均通过了 99％的显著性检验，插值的数据整体上有较好的可信度（图 5-1），可以用于研究区干旱的相关分析。

5.2　基于 SWIM 模型的干旱评价模式构建

5.2.1　帕尔默旱度模式的气候特征系数 K 值修正及干旱指标计算

基于 SWIM 模型模拟结果，选取并计算气象干旱、农业干旱和水文干旱指标评价研究区 1961—2011 年的干旱情况。分别采用 SPEI、PDSI、PHDI 作为三种干旱的评价指标，其目的是为了建立一种在时空尺度上对研究区内各地区的干旱严重程度进行直接比较的方法。主要步骤如第三章所述，包括干旱指标的计算和干旱等级的划分、干旱基本评价单元干旱的识别、关键阈值的选取、研究区干旱的识别等。依据上述方法，可以建立基于研究区模拟结果，各干旱基本评价单元的逐月的三种干旱指标数据，得到其逐月的干旱概率分布情况，进而实现对研究区内不同地区干旱程度的比较。

对三种干旱指标分别进行计算和干旱等级划分，由于 SPEI 指数计算过程相对简单，在此对其计算过程不再列出；对于 PDSI、PHDI 指数，二者原理和计算过程都较相似，只是在向标准态反弹的速度上 PHDI 比 PDSI 更缓慢。有学者已在包括研究区在内的松嫩平原西部建立了修正的帕尔默旱度模式[159]，但未对气候特征系数 K 值做进一步修正，因此应用于相对区域较小的乌裕尔河中上游流域，精度会受到一定的限制。为更准确地反映研究区的实际情况，需依据研究区长时间序列的数据对气候特征值 K 的计算公式进一步修正，使 PDSI 指数在研究区的空间可比性更好。本书对 K 值修正的具体过程如下：

研究区干旱指标 x、持续月数 t 以及水分距平值 z 三者间关系的函数表达式为：

$$x_i = \frac{\sum z_i}{11.745t + 86.25} \qquad (5-1)$$

修正的计算帕尔默干旱指数的基本模式为：

$$x_i = 0.88x_{i-1} + \frac{z_i}{97.995} \qquad (5-2)$$

假定一年内逐月的干旱指标均为特别干旱，则 $x=-4.0$，将 $t=12$ 代入式（5-1）中，得出：

$$\sum z = -908.76 \qquad (5-3)$$

每个子流域1961—2011年逐月的水分距平值 d 中，计算其12个最干旱月的水分距平值累计值 $\sum d$（表示该地区极端干旱），则该子流域12个月期间的极端干旱平均气候特征 $\overline{K}$ 系数为：

$$\overline{K} = \frac{-908.76}{\sum\limits_{1}^{12} d} \qquad (5-4)$$

计算各子流域逐月的水分距平值 d 的绝对值的平均值 $\overline{D}$，以及逐月的可能蒸散量 $\overline{PE}$、平均补水 $\overline{R}$、平均径流量 $\overline{RO}$，求得 $(\overline{PE}+\overline{R}+\overline{RO})/(\overline{P}+\overline{L})\overline{D}$ 的值，根据研究区27个子流域的计算结果，做出气候特征权重因子 $\overline{K}$ 与 $(\overline{PE}+\overline{R}+\overline{RO})/(\overline{P}+\overline{L})\overline{D}$ 的散点图，得到其对数趋势线（图5-2）。

将图5-2的经验关系应用于研究区各子流域的逐月中，即可得到各子流域12个月的 K' 值（计算的各个月的权重因子）：

$$K' = 4.993\,5\log\left(\frac{\overline{PE}+\overline{R}+\overline{RO}}{(\overline{P}+\overline{L})\overline{D}}\right) + 12.955 \qquad (5-5)$$

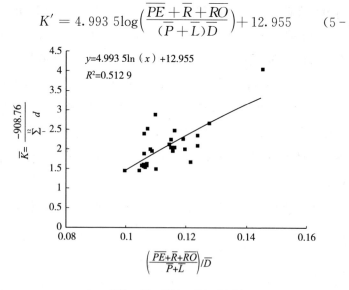

图5-2　K' 与 $(\overline{PE}+\overline{R}+\overline{RO})/(\overline{P}+\overline{L})\overline{D}$ 的关系曲线

理论上，从空间可比性角度看，修正后的 K' 计算出的多年平均年绝对水分异常 $\sum\limits_1^{12} \overline{DK'}$，在各子流域应该完全一致，但实际上仍有差异，因而对权重因子进一步修正。研究区 27 个子流域的 $\sum\limits_1^{12} \overline{DK'}$ 平均年总和为 2 107.801，修正后的 K' 为：

$$K = \frac{2\ 107.801}{\sum\limits_1^{12} \overline{DK'}} K' \tag{5-6}$$

公式（5-6）和（5-2）即为最终的气候特征权重因子 K 值和最终 Palmer 旱度模式的干旱指数计算公式。在权重因子修正的基础上，重新计算各子流域的逐月水分距平指数 Z 及干旱指数。

1 个月内结束干旱所需要的水分距平指数值 Z_e 为：

$$Z_e = -86.235\ 6X_{i-1} - 48.997\ 5 \tag{5-7}$$

有效增湿量，即结束干旱的水分距平指数 U_w 为：

$$U_w = Z + 5.879\ 7 \tag{5-8}$$

1 个月内结束湿润的水分距平指数值 Z_e 为：

$$Z_e = -86.235\ 6X_{i-1} + 48.997\ 5 \tag{5-9}$$

有效增干量，即结束湿润的水分距平指数 U_d 为：

$$U_d = Z - 5.879\ 7 \tag{5-10}$$

当前干期或湿期自开始至计算日当天及前一天，令累计的有效增湿量或增干量分别为 V_i、V_{i-1}，则

$$\begin{cases} \text{干旱期} \quad V_i = V_{i-1} + U_w \quad V_i = 0, \quad \text{当 } V_{i-1} + U_w \leqslant 0 \text{ 时} \\ \text{湿润期} \quad V_i = V_{i-1} + U_d \quad V_i = 0, \quad \text{当 } V_{i-1} + U_d \leqslant 0 \text{ 时} \end{cases} \tag{5-11}$$

令 X_1 为初始湿期的 $PDSI$ 值，X_2 为初始干期的 $PDSI$ 值，X_3 为当前确立干（湿）期的 $PDSI$ 值，按照通过 P_e 来决定的一系列的规则[226]，由 X_1、X_2 或 X_3 中选择一个进行分段返回程序计算 $PDSI$，具体选择三者中哪一项，则取决于已发生干旱期或湿润期的结束概率 P_e。若概率值 P_e 表示持续干旱已经结束，则选 X_1 项用于 $PDSI$ 的计算；若表示持续湿润期已经结束，则选 X_2 项用于 $PDSI$ 的计算；若不到 100%，则选 X_3 项。从 X_1、

X_2 和 X_3 之中挑选出来的 X_3，即为 Palmer 水文干旱指数 $PHDI$。

5.2.2 关键阈值的选取

按照第三章描述的研究方法，本文基于 SWIM 模型空间划分以及模拟输出结果，结合干旱指标，分别构建研究区 SWIM - SPEI、SWIM - PDSI、SWIM - PHDI 干旱评价模式，对研究区气象干旱、农业干旱和水文干旱进行识别。首先，基于 SWIM 模型空间划分方案，进行研究区干旱基本评价单元的划分，并计算各干旱基本评价单元各时段干旱指数值。其次，进行关键阈值的选取，干旱截断水平和临界面积是准确进行干旱分析的必要前提，对于基本干旱评价单元干旱的识别，选取截断水平为 $z(p, k) = -0.5$，作为发生气象干旱的截断水平值；选取截断水平为 $z(p, k) = -0.99$，作为发生农业干旱和水文干旱的截断水平值。选取临界面积为研究区面积的 20%，即 $Ac=20\%$，作为研究区气象干旱、农业干旱、水文干旱的临界阈值。最后，基于上述方法，分别进行干旱基本评价单元的干旱识别和研究区干旱的识别，识别出 1961—2011 年研究区的气象干旱、农业干旱、水文干旱情况。

5.2.3 干旱识别结果的真实性检验

本书从历史干旱事件演变过程和空间分布两个角度出发，来验证关键阈值选取及构建的干旱评价模式的合理性。

（1）基于旱情统计信息的干旱识别结果验证

基于研究区 1961—2011 年气象数据，采用构建的 SWIM PDSI 干旱评价模式对该时段研究区农业干旱进行识别，得到研究区 1961—2011 年农业干旱事件序列（图 5 - 3）。可以看出，51 年间研究区共发生 30 次农业干旱事件，发生干旱的年份远远多于正常年份。其中，1967 年 6 月至 1969 年 7 月连续 26 个月发生干旱，1970 年 6 月至 1972 年 4 月连续 27 个月干旱，平均干旱覆盖面积分别达 92.64%、82.21%，干旱强度分别达 83.82、56.61；1973 年 9 月起持续 11 个月干旱；1975 年 3 月至 1981 年 6 月的 76 个月中，研究区发生了覆盖面积占研究区总面积 21.9%～100% 的连续干旱；1999 年 10 月至 2003 年 6 月发生持续 46 个月的干旱；2004 年 6 月起发生持续 10 个月的干旱；2007 年 6 月起发生持续 24 个月的干旱。根据相关旱情统计信息记载，全流域出现干旱的年份有 1964、1967、1971、1973、1976、1978、1979、1982、1989、1992、1995、1999、2000、2001、2002、2004、2007 年和 2008 年。其中 1967、1979、1982、1989、1995、1999、2000、2002、2004、2007 年几乎全流域出现干旱。连续干旱的时间有 2 年、3 年、4 年、5 年（1967—1971 年），主要集中发生在 20 世纪 70 年代、90 年代和 2000 年以后。本书构建的月尺度干旱评价模式对干旱识别的结果与旱情统计信息记载的干旱年份相符，且持续时间稍多于记载时间，可能原因为历史记载的旱情主要是严重旱情，对轻旱未进行统计；此外，相关研究表明，帕默尔旱度模式考虑了前期气候的影响，能较好地反映干旱的过程，但在反映历时较长的交替性干旱上，灵敏度相对低一些[227]。因此，认为本书构建的干旱评价模式及确定的关键参数是合理的，对研究区干旱的识别有较强的适用性。

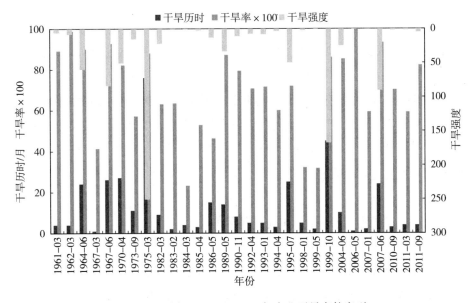

图 5-3　研究区 1961—2011 年农业干旱事件序列

（2）基于气象干旱图集的干旱识别结果验证

基于研究区 1961—2011 年气象数据，采用 SWIM-SPEI 干旱评价模式对该时段气象干旱进行识别，得到研究区 51 年气象干旱事件序列。结合国家气象局编制的 1956—2009 年全国气象干旱等级分布图集[228]，分别对研究区 20 世纪 60 年代、70 年代、80 年代、90 年代和 21 世纪 00 年代模拟所得的气象干旱识别结果进行验证。

由对比可以看出，模拟所得的 5 个月份的气象干旱情况，与气象干旱图集基本相符。1968 年 7 月份，采用 SWIM - SPEI 干旱评价模式识别出研究区大部分地区为中等干旱，北安市为重度干旱，气象干旱图集的等级分布为中等干旱；1977 年 9 月，识别的研究区干旱为中等干旱，覆盖全流域，与气象干旱图集相吻合；1982 年 7 月，模拟所得研究区干旱情况依安县、拜泉县和克山县为极端干旱，克东县东部及东南部、北安市东北部为中等以上干旱、其余地区为轻度干旱，基本和气象干旱的干旱等级一致；1995 年 7月，模拟结果显示研究区为中等干旱，较气象干旱图集的轻度干旱程度略高；2001 年 10 月对研究区干旱模拟的结果为覆盖整个研究区，干旱等级呈现由东北向西南降低趋势，模拟结果和气象干旱图集显示的干旱等级分布情况基本吻合，并准确显示出北安市干旱等级为特别干旱这一过程。

上述农业干旱和气象干旱两方面的验证结果说明，通过和中国气象灾害大典[229]、相关统计年鉴、地方县志[230]等记载的灾情信息比较，以及与气象干旱图集比较，在干旱等级、覆盖范围、历时等方面的验证结果基本相吻合。本书将 SWIM 模型和干旱指标相结合构建干旱评价模式的方法适用于研究区的干旱分析，所选取的关键阈值合理，模拟识别的干旱结果能较好地再现研究区 1961—2011 年的干旱情况。因此，可以应用构建的干旱评价模式进行研究区干旱问题的相关分析。

5.3 气象干旱时空演变特征

根据上述研究方法对乌裕尔河中上游流域气象干旱事件进行干旱识别，并计算每次干旱事件的特征指标值，流域近 51 年间共发生了 82 次气象干旱事件。

5.3.1 气象干旱时间演变特征

由研究区各干旱等级月数逐年趋势线（图 5 - 4），可以看出乌裕尔河中上游流域的年均干旱月数为 5.7 个月。20 世纪 60—70 年代，主要以轻旱和中旱为主，轻旱月数大致为中旱月数的 2 倍多，也有少数月份为重旱、特旱；80 年代，各等级干旱月份明显减少，干旱明显减缓，主要以轻旱为主，最明显的是 1980 年、1983 年和 1989 年，轻旱月数分别为 5 个月、6 个月和 6 个月；90 年代，轻旱月份逐年减少，中旱月份逐年增加；到 21 世纪初期，发生重旱、特旱的月份明显增多，干旱等级演变为以中旱和重旱为主。1961—2011 年，研究区干旱时间最长的是 1970 年，共有 10 个月发生轻旱和中旱；干旱时间最短的是 1987 年，只发生 1 个月轻旱。总体上看，51 年来研究区轻旱发生的月数呈下降趋势，中旱、重旱、特旱发生的月数呈增加趋势。

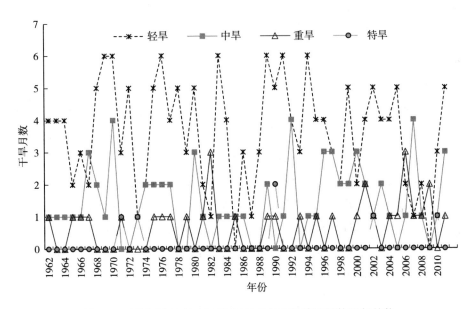

图 5 - 4　研究区 1961—2011 年各气象干旱等级月数逐年趋势

对研究区 1961—2011 年的历年春、夏、秋、冬干旱率进行计算和分析，以此表征研究区干旱影响范围的年际、年代际和年内演变特征（图 5 - 5）。由图 5 - 5 可知，1961—2011 年研究区干旱率年际变率不大，平均干旱率为 32.44%；20 世纪 60 年代至 70 年代，干旱率呈略微下降趋势，至 80 年代，干旱率明显降低，1987 年干旱率降至 1.83%，90 年代开始，干旱率呈现出明显增大的趋势；总体上，50 多年来研究区旱情不断增加，干旱率呈现增加的态势。

四季中，春季干旱最为明显，其次是秋季和夏季，总体上呈现一定的增加趋势，但冬季干旱率呈下降趋势。春季多年平均干旱率为 33.80%，覆盖面积达 50% 以上的有 13 年，其中以 1992 年和 2003 年最为严重，干旱率在 90% 以上，最小的年份为 0%，共有 11 年；年代际变化上，春季干旱以 20 世纪 90 年代最为严重，60 年代次之，平均干旱率分别为 48.83%、38.56%，80 年代相对最低，平均干旱率为 25.69%，其余年代平均干旱率均在 28% 以上。夏季多年平均干旱率为 31.77%，干旱覆盖面积达 50% 以上的有 14 年，其中以 2000 年和 2007—2008 年最为严重，干旱率在 96% 以上，最小的年份为 0%，共有 10 年；年代际变化上，夏季干旱以 2000 年以来最为严重，20 世纪 60 年代次之，平均干旱率分别为 44.23%、33.76%，80 年代相对最低，平均干旱率为 16.18%，其余年代平均干旱率均在 31% 以上。秋旱多年平均干旱率为 32.11%，干旱覆盖面积达 50% 以上的有 13 年，其中以 2001 年最为严重，干旱率达 100%，最小的年份为 0%，共有 8 年；年代际变化上，干旱以 2000 年以来最为严重，20 世纪 70 年代次之，平均干旱率分别为 47.36%、35.83%，80 年代相对最低，平均干旱率为 20.60%，其余年代平均干旱率均在 25% 以上，近 50 年来秋季干旱平均覆盖面积是四季中干旱覆盖面积中最高的。冬旱多年平均干旱率为 32.72%，干旱覆盖面积达 50% 以上的有 10 年，其中以 1968 年最为严重，干旱率为 70.69%，最小的年份为 0%，共有 8 年；年代际变化上，20 世纪 60 年代最为严重，平均干旱率为 42.70%，以后继续降低，进入 2000 年以来，干旱率相对最低，平均干旱率为 21.03%。

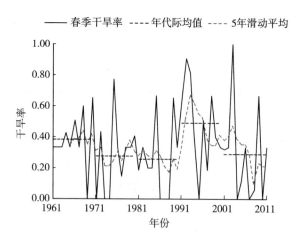

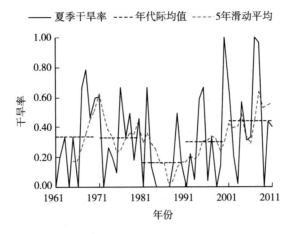

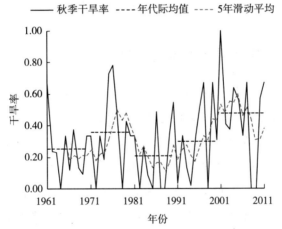

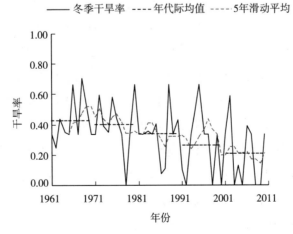

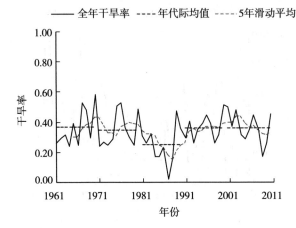

图 5-5　1961—2011 年间季节气象干旱率变化

5.3.2　气象干旱空间演变特征

对 1961—2011 年研究区不同等级干旱发生频率的空间分布进行分析，以进一步研究该流域干旱发生的规律。可以看出，整个研究区大部分地区轻微以上干旱发生的频率基本都在 30%～32%左右，总体相差不大，北安市东北轻微干旱以上发生频率最大，为 32.1%以上，克东县东北和北安市西南轻微以上干旱的发生频率次之，为 31.6%～32.1%，依安水文站附近最低，小于 30.6%；中等以上干旱分布频率，克山县东部及克东县西南最高（>18.5%），北安市和五大连池市最低（<17%），其他地区基本处于17%～18.5%；研究区严重以上干旱发生的频率明显降低，均在 7.5%以下；其中，依安县东南部、拜泉县西南部和克东县东南相对较高（>7.1%），北安市由北至南的中部、克山县东北和克东县西南等地最低，基本在 6.5%以下；整个流域发生特别干旱频率都较低，均在 1.6%以下。总体来说，研究区干旱发生频率以轻旱和中旱为主。

由乌裕尔河中上游流域不同等级干旱平均强度空间分布可以看出，克山县西北部轻微以上干旱强度较大，强度值大于 11，克山县西南部、克东县北部和北安市西南部小部分地区的轻微以上干旱强度最小，强度值小于 2；中等以上干旱强度的空间分布特征与轻微以上干旱强度的空间分布基本一致，克山县西北部向东干旱强度增加至最大，达 8 以上，依安县东南部中等干旱强度增加；严重以上干旱强度最大值与中等干旱强度最大值分布的地区一致，克东县东南及拜泉县西南地区的干旱强度相对增加；与以上各等级干旱强度的空间分布区域相比，特别干旱强度最大值分布区域保持不变，但强度降低，其他地区特别干旱强度均呈降低趋势。

5.3.3　气象干旱重现期分析

干旱重现期大小是用于评价干旱事件严重程度的重要指标。具有 2 个相同干旱特征变量的连续干旱事件的时间间隔称为干旱重现期，区域/流域干旱重现期能为干旱风险应对提供有效的理论支撑[231-232]。但干旱事件具有多变量特征属性，基于干旱单特征变量分布得到的干旱重现期无法体现何场次区域干旱事件更严重，而多特征变量的频率分析考虑了干旱的多变量特征，通过多变量联合分布计算联合重现期，能够对干旱的概率特性进行全面的描述。

选用常见的正态分布、Gamma 分布、指数分布、Weibull 分布等，分别对研究区气象干旱事件的干旱历时、干旱强度和干旱率 3 个特征变量，进行概率分布拟合，参数估计采用极大似然估计方法，并取显著性水平 $\alpha =$ 0.01 进行 Kolmogorov - Smirnov（K - S）检验，选取其中拟合最好的分布作为近似概率分布，最终拟合结果如表 5 - 1。

表 5 - 1　干旱变量概率分布估计及检验结果

干旱变量	干旱历时	干旱强度	干旱率
分布类型	Weibull 分布	指数分布	Gamma 分布
参数估计	$(k, \lambda) = (1.419, 4.155)$	$\lambda = 0.641$	$(\alpha, \beta) = (9：628, 13.862)$
D	0.170 8	0.068 0	0.106 1
p	0.017 8	0.823 6	0.321 8

对三个特征指标分别进行两两间关系分析，计算的 Pearson 相关系数 r，Spearman 秩相关系数 ρ 和 Kendall 秩相关系数 τ 结果如表 5 - 2、图 5 - 6 所示。由此可以看出，干旱历时和干旱强度间的相关系数较高，这两个指标间相互影响较大，而另外两对变量的相关系数比较低。对三个变量两两间分别做散点图，并进行线性回归拟合，干旱历时和干旱强度拟合结果为 $y =$ 0.121+0.383x，且回归方程通过了显著性检验，而另外两对变量没有显著的相关关系，也表明干旱历时和干旱强度之间的相关关系较为显著，相互影

响较大。因此本书着重分析干旱历时和干旱强度这两个指标间的关系。

表5-2 气象干旱特征变量间相关关系

气象干旱特征变量	r	ρ	τ
干旱历时和干旱强度	0.792	0.756	0.595
干旱历时和干旱率	−0.296	−0.334	−0.259
干旱强度和干旱率	0.086	0.173	0.120

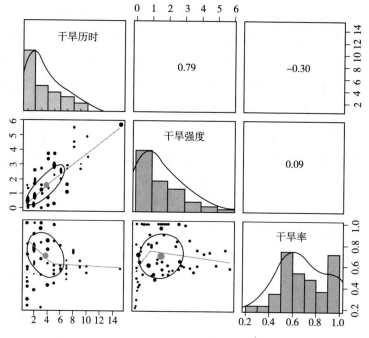

图5-6 气象干旱特征指标间的 Pearson 相关系数

采用上面三种阿基米德型 Copula 函数来拟合干旱历时和干旱强度数据，得到的结果如表5-3所示。将每种 Copula 函数的联合概率值和经验概率值做比较，发现三种 Copula 函数对干旱数据拟合都很好，其 K-S 检验统计量 D 的值均小于临界值 $D_0 = 1.627\ 6/\sqrt{n} = 0.180\ 8$，即都通过了显著性检验，因此三种 Copula 函数都可以拟合干旱历时和干旱强度的联合分布。由拟合优度的评价指标，选取 SED 和 AIC 指标最小的 Copula 函数模型作为最优的函数模型，可以看出 Clayton-Copula 函数拟合的效果最好，因此最终选用 Clayton-Copula。

表 5 - 3　气象干旱历时和干旱强度联合分布模型参数估计及评价结果

Copula 函数	参数值 θ	D	SED	OLS	AIC
Calyton	2.937	0.173 2	0.244	0.055	−468.054
Gumbel	2.468	0.172 7	0.301	0.061	−451.244
Frank	5.354	0.176 9	0.360	0.067	−436.717

干旱分析中通常对干旱特征变量的联合超越概率和特定条件的概率关注较多。有了联合分布函数，可以计算出给定不同条件干旱历时和干旱强度值（$D \geqslant d, S \geqslant s$）的联合超越概率 $P(D \geqslant d, S \geqslant s)$，并绘制三维图形和等值线图（图 5-7），由图 5-7 可以看出，联合超越概率值趋势为随干旱历时和强度值的减小而增大，表明当干旱的历时较短情况下发生较小的干旱强度的概率是很大的；此外，还可以计算给定干旱历时值和给定干旱强度值时的条件概率，并得到其分布图（图 5-8）。如 $P(S \leqslant 4 \mid D \geqslant 5) = 0.8$，即 $P(S \geqslant 4 \mid D \geqslant 5) = 0.2$，也就是说有 20% 的可能性干旱强度会超过 4，这些信息可以为决策者提供参考依据。由图 5-8 可发现在不同干旱历时条件下（$D \geqslant d$），干旱强度不超过某特定值发生的概率随干旱历时条件的增大而减小，说明其相应的干旱强度超越概率的发生随干旱历时条件增大而增大。

由联合重现期和同现重现期的计算公式分别计算出干旱历时和干旱强度的联合重现期 T_a 和同现重现期 T_o，并分别绘制三维图形 a、c 及其等值线图 5-9b、图 5-9d。由图 5-9b 可看出在不同干旱历时 D 和干旱强度 S 组合条件下，其联合重现期表现为随 D 和 S 的增加，DS 联合重现期也相应从 2.2a 增大到 20.5a；图 5-9d 可以发现，随 D 和 S 值增加，DS 同现重现期也相应从 235.5a 增大到 1 409.5a。表明二维变量干旱历时和干旱强度的组合重现期呈现出随着单特征变量值的增加而增加。由图 5-9 还可以发现，当 D 和 S 增加幅度相同条件下，相应的 DS 同现重现期增幅大于其联合重现期。

给定单变量重现期为 2a、5a、10a、15a、20a、50a、100a，由单变量的边缘分布及构造的 Copula 联合分布，可求得干旱历时和干旱强度的联合重现期和同现重现期（表 5-4）。由表 5-4 可知，单特征变量（干旱历时或干旱强度）的重现期均介于二者联合重现期 T_a 与同现重现期 T_o 之间，表明干旱历时和干旱强度联合分布的两种组合重现期可视为边缘分布重现期的两个极端，且干旱历时和干旱强度在增加幅度相同的条件下，二者相应的同现重现期 T_0 增幅比其联合重现期 T_a 增幅要大。

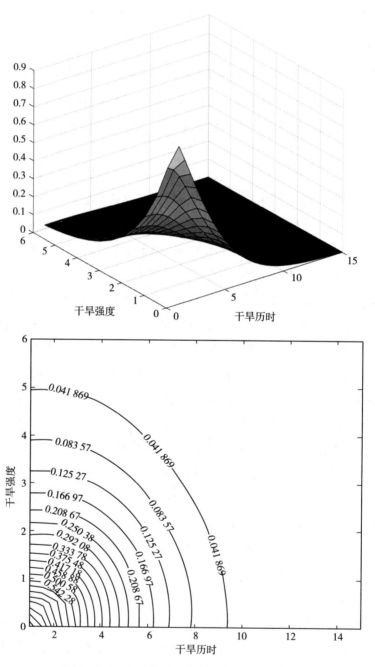

图 5-7 联合超越概率分布及其等值线示意图

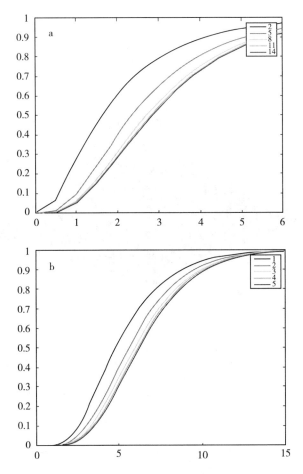

图 5-8　给定干旱历时（a）和给定干旱强度（b）的条件概率分布图

表 5-4　气象干旱历时和干旱强度联合分布的联合重现期与同现重现期

重现期（a）	干旱历时（月）	干旱强度	联合重现期（T_a/a）	同现重现期（T_0/a）
2	4.60	1.80	1.48	3.07
5	6.94	3.23	3.05	13.76
10	8.51	4.31	5.58	47.74
15	9.37	4.94	8.10	101.89
20	9.96	5.39	10.60	176.22
50	11.76	6.82	25.61	1 045.76
100	13.04	7.90	50.62	4 108.67

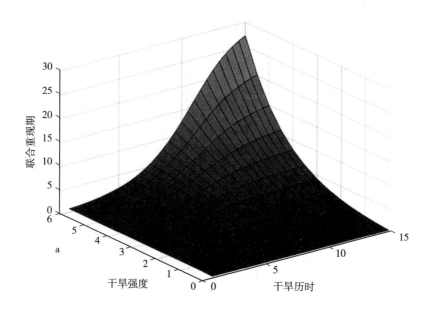

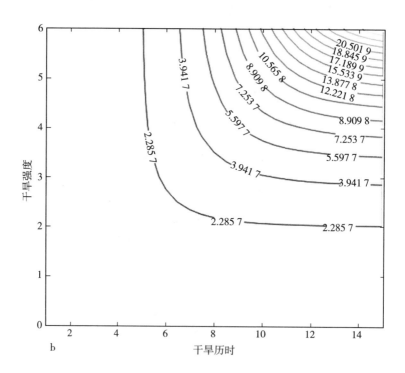

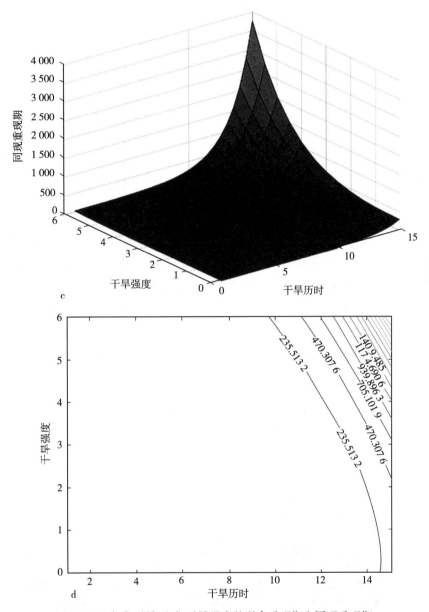

图 5-9　气象干旱历时-干旱强度的联合重现期和同现重现期

5.4　农业干旱时空演变特征

根据构建的 SWIM-PDSI 干旱评价模式，对乌裕尔河中上游流域农业干旱事件进行干旱识别，并计算每次干旱事件的特征指标值，流域近 51 年间共发生了 30 次农业干旱事件。

5.4.1　农业干旱时间演变特征

由研究区各干旱等级月数逐年趋势线（图 5-10），可以看出，乌裕尔河中上游流域的年均干旱月数为 7.18 个月。20 世纪 60—70 年代，主要以严重干旱以上为主，轻微干旱次之，中等干旱月数相对较少；80 年代，主要为轻微干旱，其他各等级干旱月份明显减少，干旱明显减缓，主要以轻旱为主，最明显的是 1982 年和 1986 年，轻旱月数分别为 6 个月和 5 个月；90 年代，轻旱月份基本不变，严重干旱、特别干旱月份逐年增加；到 21 世纪初期，发生特旱的月份明显增多，干旱等级演变为以特旱和重旱为主。1961—2011 年，研究区发生干旱的年份多于正常年份，且干旱持续的月数较长，有的年份全年受到干旱威胁，如 1968 年、1971 年、1978 年、1996 年、2001 年和 2008 年等。总体上看，51 年来研究区轻微干旱和特别干旱发生的月数呈增加趋势明显。

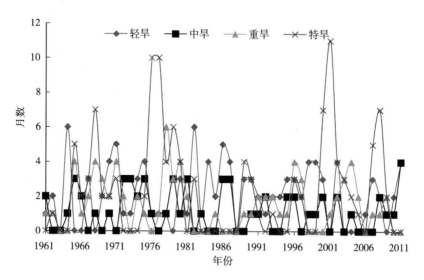

图 5-10　研究区 1961—2011 年各农业干旱等级月数逐年趋势

对研究区 1961—2011 年的历年春、夏、秋、冬干旱率进行计算和分析，以此表征研究区干旱影响范围的年际、年代际和年内演变特征（图 5-11）。

由图可知，1961—2011 年研究区干旱率年际变率较大，平均干旱率为 47.84％，20 世纪 60 年代至 70 年代，干旱率呈明显增加趋势，平均干旱率由 50.85％增加至 70.1％；至 80 年代，干旱率明显降低，平均为 28％左右；90 年代开始，干旱率呈现出明显增大趋势，且增加趋势一直持续到 21 世纪前 10 年，平均干旱率为 51.42％。总体上，从 20 世纪 80 年代开始研究区旱情不断增加，干旱率呈现出一定的增加趋势。

　　四季中，春季干旱最为明显，其次是秋季和夏季，总体上均呈一定的增加趋势。春季多年平均干旱率为 56.79％，覆盖面积达 50％以上的有 27 年。干旱率在 90％以上的有 15 年，其中 60—70 年代最多，有 9 年；90 年代有 3 年；21 世纪初前 10 年间有 3 年；年代际变化上，春季干旱以 20 世纪 70 年

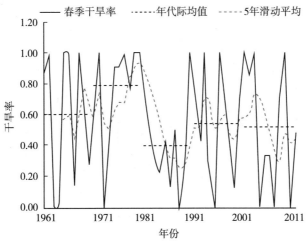

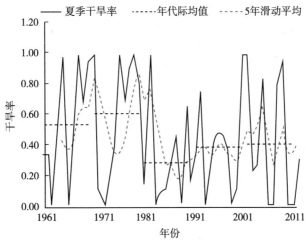

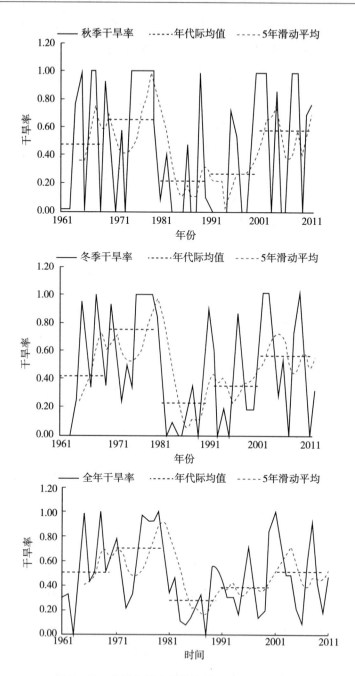

图 5-11　乌裕尔河中上游流域 1961—2011 年间
全年及季节农业干旱率变化

代最为严重,60 年代次之,平均干旱率分别为 78.44%、59.80%,80 年代相对最低,平均干旱率为 40%左右,其余年代平均干旱率均在 50%以上,近 51 年来春季干旱平均覆盖面是四季中干旱覆盖面积率最高的。夏季多年平均干旱率为 44.22%,干旱覆盖面积达 50%以上的有 19 年,干旱率在 90%以上的年份共有 11 年;年代际变化上,夏季干旱以 20 世纪 70 年代最为严重,60 年代次之,平均干旱率分别为 60.95%、53.74%,80 年代相对最低,平均干旱率为 28.4%,其余年代平均干旱率均在 38%以上。秋旱多年平均干旱率为 43.64%,干旱覆盖面积达 50%以上的有 23 年,干旱率在 90%的年份为共有 15 年;年代际变化上,干旱以 20 世纪 70 年代最为严重,2000 年以来次之,平均干旱率分别为 65.56%、57.54%,80 年代相对最低,平均干旱率为 20.54%,90 年代平均干旱率也相对较低,平均干旱率为 26.04%。冬旱多年平均干旱率为 46.5%,干旱覆盖面积达 50%以上的有 23 年,干旱率为 90%的年份共有 10 年;年代际变化上,20 世纪 70 年代最为严重,2000 年以来次之,平均干旱率分别为 75.04%、56.33%,自 20 世纪 80 年代以来,冬季干旱率呈明显增加趋势。

5.4.2　农业干旱空间演变特征

对 1961—2011 年研究区不同等级干旱发生频率的空间分布进行分析,以进一步研究该流域农业干旱发生的规律。从中可以看出,克山县、拜泉县最低,干旱发生频率小于 44%,北安市东北部和西南部轻微干旱以上发生频率最大,大于 57%,研究区大部分地区轻微以上干旱发生的频率基本在 44%~57%,轻微干旱频率高发地区在研究区的东北部;中等以上干旱频率分布和轻微干旱频率分布大体一致,发生频率在 46%~51%的地区有所变化,由五大连池市东南部变动到北安市的北部,其他地区基本与轻微干旱频率分布一致;研究区严重干旱发生的频率和特干旱频率分布区别不明显,只是北安市北部地区有所减弱;研究区特别干旱频率分布与严重干旱频率分布相比,北安市西部及西南部两个干旱基本评价单元的发生频率有所减弱。总体来说,研究区各等级干旱发生频率分布基本一致,只是小部分地区干旱等级发生频率有所变化。

由乌裕尔河中上游流域不同等级干旱平均强度空间分布可以看出,轻微以上干旱强度高值区出现在研究区西北部，自东北至西南条状分布，包括北安市、五大连池市、克山县的部分地区，干旱强度值超过60；干旱强度低值区基本都在主河道附近，共有4个干旱基本评价单元；其他地区干旱强度基本在30～60之间。中等以上干旱强度的空间分布特征与轻微以上干旱强度的空间分布基本一致，克山县东部和克东县西部干旱强度相对有所减弱，大部分地区干旱强度基本在30～60之间。严重以上干旱强度最大值与中等干旱强度最大值分布的地区一致，北安市南部地区的干旱强度相对减弱；与以上各等级干旱强度的空间分布区域相比，特别干旱强度最大值分布区域保持不变，但强度降低，其他地区特别干旱强度均呈降低趋势。由图5-11还可以发现，各等级干旱强度的高值区出现规律基本上按照研究区的边缘分布，低值区沿主河道附近分布。

5.4.3 农业干旱重现期分析

选用常见的正态分布、Gamma分布、指数分布、Weibull分布等，分别对研究区气象干旱事件的干旱历时、干旱强度和干旱率3个特征变量，进行概率分布拟合，参数估计采用极大似然估计方法，并取显著性水平 $\alpha=0.01$ 进行 Kolmogorov-Smirnov（K-S）检验，选取其中拟合最好的分布作为近似概率分布，最终拟合结果如表5-5所示。

表5-5 干旱变量概率分布估计及检验结果

干旱变量	干旱历时	干旱强度	干旱率
分布类型	Weibull 分布	Weibull 分布	正态分布
参数估计	$(k,\lambda)=(0.889,11.442)$	$(k,\lambda)=(0.568,18.322)$	$(\mu,\sigma)=(0.683,0.225)$
D	0.186 0	0.096 8	0.131 3
p	0.250 2	0.915 9	0.632 4

对三个特征指标分别进行两两间关系分析，计算的 Pearson 相关系数 r，Spearman 秩相关系数 ρ 和 Kendall 秩相关系数 τ 结果如表5-6、图5-12所示。由此可以看出，三个指标间的两两相关系数均比较高，相互影响大，干旱历时和干旱强度间的相关关系尤其明显。对三个变量两两间分别做散点图，并进行线性回归拟合，从线性回归的检验结果来看，干旱历时和干

旱强度之间的相关关系较为显著，且回归方程通过了显著性检验，相互影响较大。若取显著性水平 $\alpha=0.01$，则干旱历时和干旱率以及干旱强度和干旱率之间的回归方程未通过显著性检验。三个特征指标两两间的相关系数都较高，本书着重分析干旱历时和干旱强度这两个指标间的关系。

表 5-6　农业干旱特征变量间相关关系

农业干旱特征变量	r	ρ	τ
干旱历时和干旱强度	0.978	0.955	0.850
干旱历时和干旱率	0.402	0.453	0.350
干旱强度和干旱率	0.420	0.620	0.490

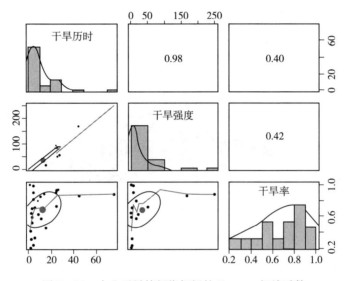

图 5-12　农业干旱特征指标间的 Pearson 相关系数

采用上面三种阿基米德型 Copula 函数来拟合干旱历时和干旱强度数据，得到的结果见表 5-7。将每种 Copula 函数的联合概率值和经验概率值做比较，发现三种 Copula 函数对干旱数据拟合都很好，其 K-S 检验统计量 D 的值均小于临界值 $D_0=1.6276/\sqrt{n}=0.2972$，即都通过了显著性检验，因此三种 Copula 函数都可以拟合干旱历时和干旱强度的联合分布。由拟合优度的评价指标，选取 SED 和 AIC 指标最小的 Copula 函数模型作为最优的函数模型，可以看出 Clayton-Copula 函数拟合的效果最好，因此最终选用 Clayton-Copula。

表 5-7　农业干旱历时和干旱强度联合分布模型参数估计及评价结果

Copula 函数	参数值 θ	D	SED	OLS	AIC
Calyton	11.367	0.188 9	0.103	0.059	−168.311
Gumbel	6.683	0.195 7	0.118	0.063	−164.218
Frank	7.653	0.236 3	0.232	0.088	−143.875

　　有了联合分布函数，可以计算干旱历时和干旱强度的联合超越概率分布，并绘制三维图形和等值线图（图 5-13）。可以看出，联合超越概率值趋势为随干旱历时和强度值的减小而增大，表明当干旱的历时较短情况下发

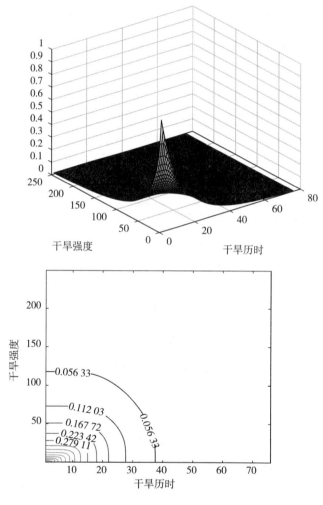

图 5-13　农业干旱联合超越概率分布及其等值线示意图

生较小的干旱强度的概率很大；此外，还可以计算给定干旱历时值和给定干旱强度值时的条件概率，并得到其分布图（图 5 - 14）。由图 5 - 14 可发现在不同干旱历时条件下（$D \geqslant d$），干旱强度不超过某特定值发生的概率随干旱历时条件的增大而减小，说明其相应的干旱强度超越概率的发生随干旱历时条件增大而增大。

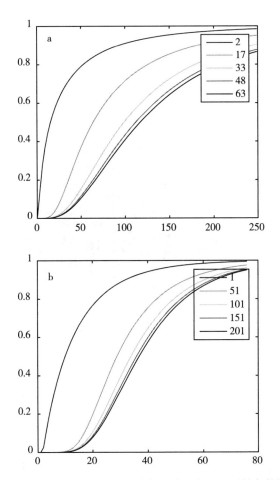

图 5 - 14 给定农业干旱历时（a）和给定干旱强度（b）时的条件概率分布图

由联合重现期和同现重现期的计算公式，分别计算出干旱历时和干旱强度的联合重现期 T_a 和同现重现期 T_o，并绘制三维图形 a、c 及其等值线图 b、d（图 5 - 15）。由图 5 - 15b 可看出在不同干旱历时 D 和干旱强度 S 组合条件下，其联合重现期表现为随 D 和 S 的增加，DS 联合重现期也相应从 8.2a 增大到 66.3a；图 5-15d 可以发现，随 D 和 S 值增加，DS 同现重现期也相应从 169.3.5a 增大到 1 006.2a。表明二维变量干旱历时和干旱强度的组合重现期呈现出随着单特征变量值的增加而增加。还可以发现，当 D 和 S 增加幅度相同条件下，相应的 DS 同现重现期增幅大于其联合重现期。

给定单变量重现期为 2a、5a、10a、15a、20a、50a、100a，由单变量的边缘分布及构造的 Copula 联合分布，可求得干旱历时和干旱强度的联合重

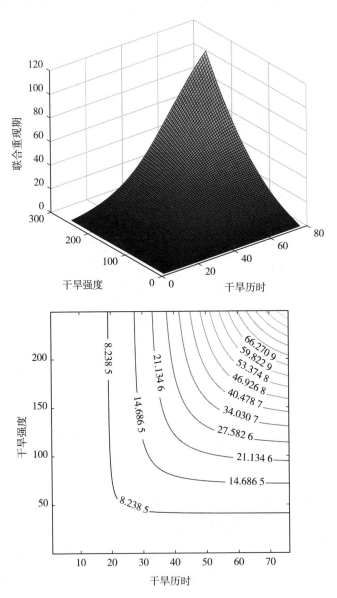

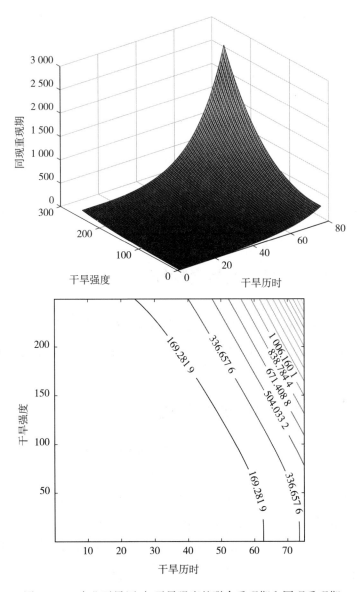

图 5-15　农业干旱历时-干旱强度的联合重现期和同现重现期

现期和同现重现期（表 5-8）。由表 5-8 可知，单特征变量（干旱历时或干旱强度）的重现期均介于二者联合重现期 T_a 与同现重现期 T_0 之间，表明干旱历时和干旱强度联合分布的两种组合重现期可视为边缘分布重现期的两个极端，且干旱历时和干旱强度在增加幅度相同的条件下，二者相应的同现重现期 T_0 增幅比其联合重现期 T_a 增幅要大。

表 5 - 8　农业干旱历时和干旱强度联合分布的联合重现期与同现重现期

重现期（a）	干旱历时（月）	干旱强度	联合重现期（T_a/a）	同现重现期（T_0/a）
2	1.48	0.75	1.98	2.02
5	12.46	20.94	4.49	5.64
10	21.78	50.16	7.91	13.58
15	27.46	72.10	10.92	23.96
20	31.57	89.71	13.74	36.77
50	45.05	156.49	29.50	163.91
100	55.56	217.30	54.84	566.45

5.5　水文干旱时空演变特征

根据构建的 SWIM - PHDI 干旱评价模式，对乌裕尔河中上游流域水文干旱事件进行干旱识别，并计算每次干旱事件的特征指标值，流域近 51 年间共发生了 25 次水文干旱事件。

5.5.1　水文干旱时间演变特征

由研究区各干旱等级月数逐年趋势线（图 5 - 16），可以看出乌裕尔河中上游流域的年均干旱月数为 7.6 个月。20 世纪 60—70 年代，主要以重旱和特旱为主，中旱月数相对最低，1969 年严重水文干旱出现 6 个月，1976年出现严重水文干旱 10 个月；80 年代，各等级干旱月份明显减少，干旱明显减缓，主要以轻旱为主，最明显的是 1986 年，轻旱月数为 7 个月，其次为严重干旱，最明显的是 1987 年，发生 6 个月严重干旱；90 年代和 80 年代大致发生规律相同，但轻微干旱略微下降，严重干旱和特别干旱发生月份有所增加；到 21 世纪初期，发生特别干旱的月份明显增多，干旱等级演变以特别干旱为主。1961—2011 年，研究区出现 9 个月以上的干旱年份共有17 年，其中 20 世纪 60 年代有 3 年，70 年代有 6 年，90 年代有 1 年，其余6 年均发生在 2000 年以后。总体上看，51 年来研究区轻微干旱发生的月数呈下降趋势，中等干旱和特别干旱发生的月数呈明显增加趋势。

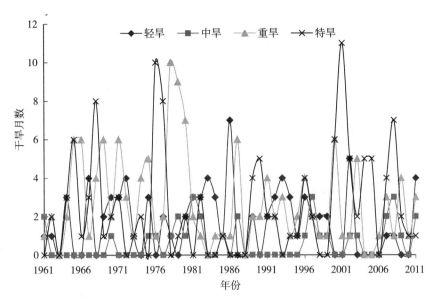

图 5 - 16　研究区 1961—2011 年各水文干旱等级月数逐年趋势

对研究区 1961—2011 年的历年春、夏、秋、冬干旱率进行计算和分析，以此表征研究区干旱影响范围的年际、年代际和年内演变特征。由 5 - 17 图可知，1961—2011 年研究区干旱率年际变率明显，平均干旱率为 29.3%；20 世纪 60 年代至 70 年代，干旱率呈增加趋势，至 80 年代，干旱率明显降低，1983 年干旱率降至 15.8%，90 年代开始，干旱率呈现出明显增大趋势。总体上，近 50 多年来研究区干旱率以 20 世纪 70 年代最大，20 世纪 60 年代和 2000 年以来次之。

四季中，秋季和冬季干旱最为明显，总体上均呈一定的增加趋势，春季和夏季干旱率呈下降趋势。春季多年平均干旱率为 65.00%，覆盖面积达 80% 以上的有 24 年，其中有 21 年干旱率在 90% 以上；年代际变化上，春季干旱以 20 世纪 70 年代最为严重，60 年代次之，平均干旱率分别为 82.73%、62.03%，80 年代相对最低，平均干旱率为 57.55%，其余年代平均干旱率均在 57% 以上；近 51 年来春季干旱平均覆盖面是四季中干旱覆盖面积率最高的。夏季多年平均干旱率为 51.43%，干旱覆盖面积达 80% 以上的有 18 年，其中干旱率在 90% 以上的年份有 16 年；年代际变化上，夏季干旱以 20 世纪 60—70 年代最为严重，平均干旱率分别为 62.56%、62.10%，2000

年以来相对最低，平均干旱率为 42.11％，其余年代平均干旱率均在 42.8％
以上。秋季多年平均干旱率为 46.0％，干旱覆盖面积达 80％以上的有 19
年，其中干旱率达 90％以上的年份有 18 年；年代际变化上，干旱率以 20
世纪 70 年代为最高，2000 年以来次之，平均干旱率分别为 64.94％、
59.55％，80 年代相对最低，平均干旱率为 22.48％，其余年代平均干旱率
均在 31％以上。冬季多年平均干旱率为 53.29％，干旱覆盖面积达 80％以
上的有 24 年，其中干旱率为 90％的年份有 20 年；年代际变化上，干旱率
以 20 世纪 70 年代为最高，2000 年以来次之，平均干旱率分别为 71.91％、
61.71％，80 年代相对最低，平均干旱率为 31.48％，其余年代平均干旱率
均在 39％以上。冬季和秋季及全年的干旱率变化趋势相一致。

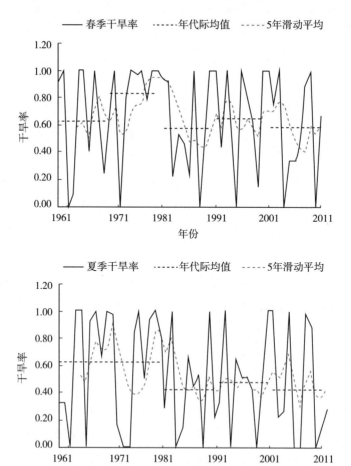

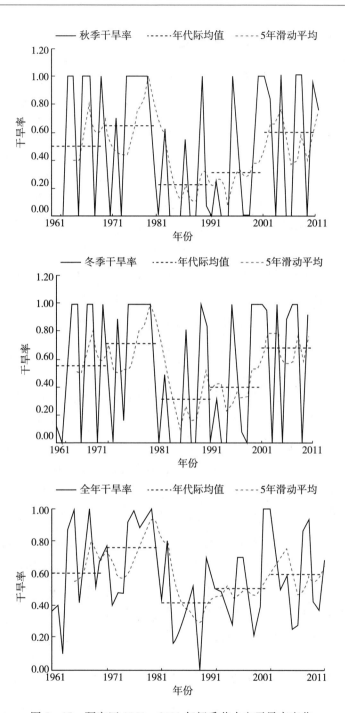

图 5-17　研究区 1961—2011 年间季节水文干旱率变化

5.5.2　水文干旱空间演变特征

对 1961—2011 年研究区不同等级干旱发生频率的空间分布进行分析，以进一步研究该流域干旱发生的规律。从中可以看出，整个研究区轻微以上干旱发生的频率，西南部的克山县、拜泉县以及克东县西部地区轻微干旱以上发生频率最低，为 51％以下，研究区东北部的北安市、五大连池市以及西南部的依安县轻微以上干旱的发生频率相对较高，在 53％以上，其中北安市西北部及西南部部分干旱基本评价单元的发生频率增高，大于 58％；中等以上干旱分布频率，北安市西北部及西南部和五大连池市最高（>51％），克山县东北、克东县西部和拜泉县北部等地区最低（<36％），其他地区基本处于 17％～18.5％；研究区严重以上干旱和特别干旱发生的频率和中等干旱发生频率分布大体一致，但高值区面积有所减小，低值区面积有所扩大。总体来说，研究区各等级干旱发生频率的空间分布总体上差异明显，呈现为西南部低，东北部高。各等级干旱的频率高值区主要发生在研究区东北部，其中北安市西北部和西南部发生频率最高。

由乌裕尔河中上游流域不同等级干旱平均强度空间分布可以看出，轻微干旱的干旱强度高值区出现在研究区西北部，大致呈 C 形分布，包括北安市西北部、五大连池市、克山县大部分地区，以及克东县西部和东南部、北安市东部，依安县和拜泉县轻微以上干旱强度也较大，强度值大于 55，主河道附近的部分地区轻微以上干旱强度最小；中等以上干旱强度的空间分布特征与轻微以上干旱强度的空间分布相比，高值区由 C 形变成了条形，仍为研究区西北部地区；严重以上干旱强度最大值与中等干旱强度最大值分布的地区一致，拜泉县西南部地区的干旱强度相对减小；与以上各等级干旱强度的空间分布区域相比，特别干旱强度高值分布区域面积减小，克山县东部、北安市东部、五大连池市的干旱强度均相对降低，依安县、拜泉县、克东县东南部特别干旱强度也较严重干旱的强度分布有所降低。

5.5.3　干旱重现期分析

选用常见的正态分布、Gamma 分布、指数分布、Weibull 分布等，分别对研究区气象干旱事件的干旱历时、干旱强度和干旱率 3 个特征变量，进行概率分布拟合，参数估计采用极大似然估计方法，并取显著性水平 $\alpha=$ 0.01 进行 Kolmogorov‐Smirnov（K‐S）检验，选取其中拟合最好的分布作为近似概率分布，最终拟合结果如表 5‐9 所示。

表 5‐9　干旱变量概率分布估计及检验结果

干旱变量	干旱历时	干旱强度	干旱率
分布类型	指数分布	Weibull 分布	Weibull 分布
参数估计	$\lambda=0.064$	$(k,\lambda)=(0.833,46.601)$	$(k,\lambda)=(0.856,7.003)$
D	0.125 2	0.107 0	0.117 2
p	0.828 3	0.908 1	0.882 1

对三个特征指标分别进行两两间关系分析，计算的 Pearson 相关系数 r，Spearman 秩相关系数 ρ 和 Kendall 秩相关系数 τ 结果如表 5‐10、图 5‐18 所示。由此可以看出，三个指标间的两两相关系数均比较高，相互影响大，干旱历时和干旱强度间的相关关系尤其明显。对三个变量两两间分别做散点图，并进行线性回归拟合，从线性回归的检验结果来看，干旱历时和干旱强度之间的相关关系较为显著，且回归方程通过了显著性检验，相互影响较大。若取显著性水平 $\alpha=0.01$，则干旱历时和干旱率以及干旱强度和干旱率之间的回归方程未通过显著性检验。本书着重分析干旱历时和干旱强度这两个指标间的关系。

表 5‐10　水文干旱特征变量间相关关系

水文干旱特征变量	r	ρ	τ
干旱历时和干旱强度	0.976	0.964	0.869
干旱历时和干旱率	0.318	0.293	0.212
干旱强度和干旱率	0.399	0.396	0.270

采用上面三种阿基米德型 Copula 函数来拟合干旱历时和干旱强度数据，得到的结果如表 5‐11 所示。将每种 Copula 函数的联合概率值和经验概率值做比较，发现三种 Copula 函数对干旱数据拟合都很好，其 K‐S 检验统计量 D 的值均小于临界值 $D_0=1.6276/\sqrt{n}=0.3255$，即都通过了显著性检验，因此三种 Copula 函数都可以拟合干旱历时和干旱强度的联合分布。由拟合优度的评价指标，选取 SED 和 AIC 指标最小的 Copula 函数模型作为最

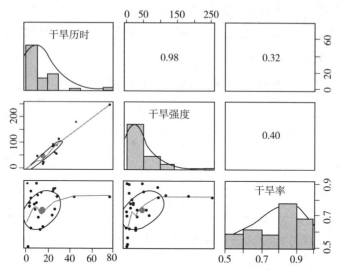

图 5-18　水文干旱特征指标间的 Pearson 相关系数

优的函数模型，可以看出 Clayton-Copula 函数拟合的效果最好，因此最终选用 Clayton-Copula。

表 5-11　水文干旱历时和干旱强度联合分布模型参数估计及评价结果

Copula 函数	参数值 θ	D	SED	OLS	AIC
Calyton	13.272	0.125 9	0.042	0.041	−157.877
Gumbel	7.636	0.133 6	0.045	0.042	−155.989
Frank	7.821	0.175 4	0.137	0.074	−128.232

　　有了联合分布函数，可以计算干旱历时和干旱强度的联合超越概率分布，并绘制三维图形和等值线图（图 5-19），由图 5-19 可以看出，联合超越概率值趋势为随干旱历时和强度值的减小而增大，表明当干旱的历时较短情况下发生较小的干旱强度的概率很大；此外，还可以计算给定干旱历时值和给定干旱强度值时的条件概率，并得到其分布图（图 5-20）。由图 5-20 可发现在不同干旱历时条件下（$D \geqslant d$），干旱强度不超过某特定值发生的概率随干旱历时条件的增大而减小，说明其相应的干旱强度超越概率的发生随干旱历时条件增大而增大。

　　由联合重现期和同现重现期的计算公式，分别计算出干旱历时和干旱强度的联合重现期 T_a 和同现重现期 T_o，并绘制三维图形 a、c 及其等值线

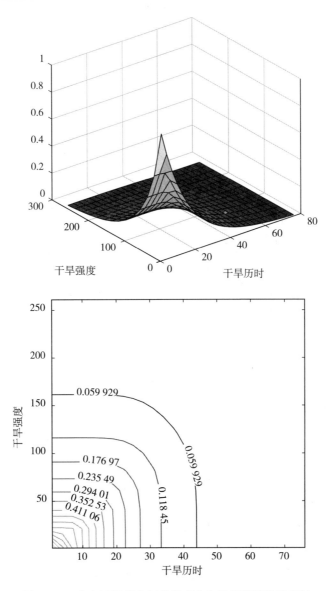

图 5 - 19　水文干旱联合超越概率分布及其等值线示意图

图 b、d（图 5 - 21）。由图 5 - 21b 可看出在不同干旱历时 D 和干旱强度 S
组合条件下，其联合重现期表现为随 D 和 S 的增加，DS 联合重现期也相
应从 8a 增大到 67a；由图 5 - 21d 可以发现，随 D 和 S 值增加，DS 同现重
现期也相应从 92.6a 增大到 725.5a。表明二维变量干旱历时和干旱强度
的组合重现期呈现出随着单特征变量值的增加而增加。还可以发现，当 D

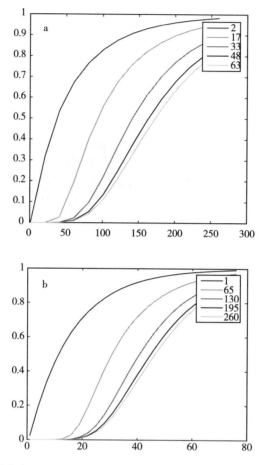

图 5-20　给定水文干旱历时（a）和给定干旱强度（b）时的条件概率分布图

和 S 增加幅度相同条件下，相应的 DS 同现重现期增幅大于其联合重现期。

给定单变量重现期为 5a、10a、15a、20a、50a、100a，由单变量的边缘分布及构造的 Copula 联合分布，可求得干旱历时和干旱强度的联合重现期和同现重现期（表 5-12）。由表 5-12 可知，单特征变量（干旱历时或干旱强度）的重现期均介于二者联合重现期 T_a 与同现重现期 T_0 之间，表明干旱历时和干旱强度联合分布的两种组合重现期可视为边缘分布重现期的两个极端，且干旱历时和干旱强度在增加幅度相同的条件下，二者相应的同现重现期 T_0 增幅比其联合重现期 T_a 增幅要大。

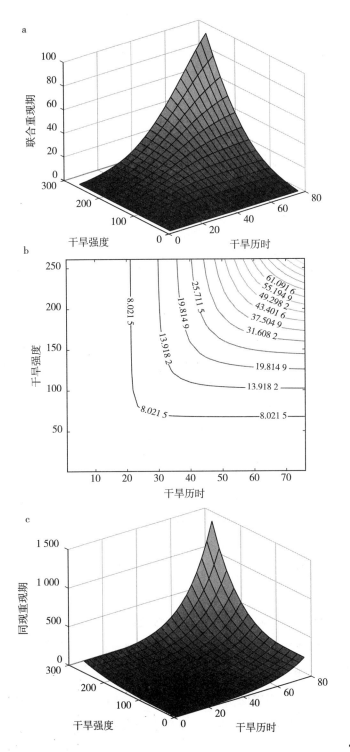

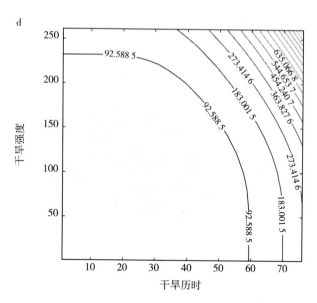

图 5-21　水文干旱历时-干旱强度的联合重现期和同现重现期

表 5-12　水文干旱历时和干旱强度联合分布的联合重现期与同现重现期

重现期（a）	干旱历时（月）	干旱强度	联合重现期（T_a/a）	同现重现期（T_0/a）
5	13.95	40.87	4.66	5.40
10	24.73	81.29	8.39	12.37
15	31.04	106.78	11.63	21.11
20	35.52	125.52	14.63	31.61
50	49.78	188.22	30.89	131.14
100	60.56	238.19	56.49	434.95

5.6　讨论

（1）目前对干旱的时空演变趋向于多尺度、多特征变量的分析

气象站点数量的多少以及空间展布的合理与否，往往直接关系到区域干旱时空演变分析的结果准确性[233]；干旱具有历时、严重程度和重现期等多变量特征[234-235]，利用单变量特征分布得到的干旱重现期来刻画区域/流域干旱风险并不全面，需要得到多变量联合分布以进行联合干旱重现期的分

析；如何从区域/流域角度分析干旱时空演变方法还需进一步研究[168]。因此，本书基于水循环过程角度出发，借助 SWIM 模型进行干旱评估单元的划分、干旱指标相关数据长时间序列资料的获得、综合考虑各干旱评估单元的干旱等级对流域干旱的影响进行流域干旱的识别，在此基础上计算干旱特征变量，运用相关统计方法对乌裕尔河流域干旱特征变量的特征进行了分析，分析结果与现实情况基本吻合，说明采用的研究方法是合理可行的。

（2）受气候变化和土地利用变化等人类活动的共同影响，1961—2011年乌裕尔河流域的干旱历时、干旱强度、干旱率、发生频率总体上呈上升趋势，影响了流域的粮食安全、生态安全和资源安全

但流域冬季的气象干旱率却呈下降趋势，说明冬季开始气候变得"湿润"。通过对流域内及周边气象站 51 年来冬季月降水、温度及其距平的统计发现（图 5-22），进入 21 世纪以来的 10 年间冬季降水和温度平均值分别比20 世纪 60 年代、80 年代平均值增加了 61.26%、52.51% 和 12.11%、5.11%，气温、降水呈逐渐增加趋势，这是冬季干旱率呈下降趋势的原因，也说明在气候干旱的基本态势在短期内无法根本改变下也有变小趋势，这些信息对决策者非常有用，可为决策者利用。

（3）本书选取 SPEI、PDSI、PHDI 构建的区域干旱指数不仅能够反映研究区内发生干旱的严重程度，而且还能反映该区内不同等级干旱所影响面积的大小，能够较好地描述干旱的发生发展过程，并通过 Copula 函数把干旱的两个主要特征变量结合起来，借助重现期对研究流域的干旱特征进行分

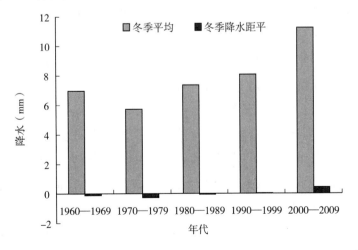

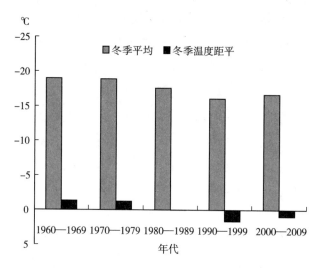

图 5-22　研究区内及周边气象站 51 年来冬季月降水、温度及其距平

析。因此，它能够更全面而真实地反映流域的干旱特征，但仅对流域干旱特征双变量中的干旱历时和干旱强度进行了简单的分析，对三变量的联合分布重现期和同现重现期等尚未进行分析，有待在今后的研究中进一步完善。

5.7　本章小结

本章对 1961—2011 年乌裕尔河流域的干旱演变特征进行了时间和空间上的研究，并通过 Copula 函数把流域干旱历时和干旱强度两个主要特征变量结合起来，借助重现期对研究流域的干旱特征进行分析。主要研究结论如下：

（1）气象干旱

研究时段内年均干旱月数为 5.7 个月；轻旱月数呈下降趋势，中旱、重旱、特旱月数呈增加趋势。干旱率年际变率不大，总体上呈现增加的态势，年代际上 20 世纪 80 年代最低，90 年代以后明显增加；四季中春季干旱率最大。空间上，研究区大部分地区轻微以上干旱发生的频率总体相差不大；中等以上干旱分布频率以克山县东部及克东县西南最高，北安市和五大连池市最低。各等级干旱强度空间分布大体一致，干旱强度高值区基本都出现在克山县和克东县之间区域。

（2）农业干旱

研究时段内年均干旱月数为 7.18 个月；发生干旱的年份多于正常年份。干旱发生月数呈增加趋势，20 世纪 90 年代以后重旱、特旱月份逐年增加。干旱率年际变率较大，年代际上 80 年代最低，90 年代以后明显增加。四季中春季平均干旱率最高。空间上，研究区各等级干旱发生频率分布基本一致，只是小部分地区干旱等级发生频率有所变化，高发地区出现在研究区的东北部。各等级干旱强度的高值区出现规律基本上按照研究区的边缘分布，低值区沿主河道附近分布。

（3）水文干旱

研究时段内年均干旱月数为 7.6 个月；干旱发生月数轻旱呈下降趋势，中旱和特旱呈明显增加趋势。干旱率年际变率明显，年代际上呈增加—降低—增加趋势。四季中秋季和冬季干旱率变化明显，春季平均干旱率最高。空间上，各等级干旱发生频率分布差异明显，呈现为西南部低、东北部高。频率最高地区在研究区东北部。轻旱的强度高值区出现在研究区西北部，大致呈 C 形分布，其他等级干旱强度分布与轻微以上干旱强度的空间分布相比，高值区由 C 形变成条形。

（4）研究区气象、农业和水文干旱特征变量中干旱历时和干旱强度的最优联合分布均为 Clayton - Copula

干旱历时和干旱强度联合重现期、同现重现期均有如下特征：重现期均介于二者联合重现期 $T_{与}$ 同现重现期 T_0 之间，表明干旱历时和干旱强度联合分布的两种组合重现期可视为边缘分布重现期的两个极端，且干旱历时和干旱强度在增加幅度相同的条件下，二者相应的同现重现期 T_0 增幅比其联合重现期 T_a 增幅要大。

第6章 气候变化和 LUCC 对乌裕尔河中上游流域干旱影响的定量分析

本章首先对研究区气候变化和土地利用变化进行了分析；在此基础上界定气候变化和 LUCC 对干旱影响的基准期和影响期，然后设定情景模拟方案，并通过构建的干旱模拟评价模式进行情景模拟；借鉴气候变化和土地利用变化对径流影响的定量分离方法，对 LUCC 和气候变化对干旱影响进行定量分离。

6.1 研究区气候变化和土地利用变化分析

研究区气候变化和土地利用变化与干旱状况直接相关，对二者的变化分析有助于对下一步干旱的情景模拟设定奠定基础。

6.1.1 气候变化分析

（1）降水分析

对研究区多年月平均降水情况进行统计（图 4 - 3），可以看出，春季和冬季降水较少，降水主要集中在 6—9 月，历时短，强度大，占全年降水量的 79.35%，特别是 7—8 月最大，占全年降水量的 51.78%。对年降水量趋势进行统计分析（图 6 - 1）发现，总体上研究区年降水量呈微弱下降趋势，年际波动较大，年降水倾向值 -0.035 7/mm，采用 Kendall 秩次相关检验年降水序列，检验统计量结果 | U | < Uα/2，未满足 α＝0.05 的显著性检验水平，表明变化趋势不显著。

对研究区年降水量序列进行 Mann - Kendall 突变检验（图 6 - 2a），UF 和 UB 曲线都在显著性水平 α＝0.05 临界线之间，在 1981 年左右明显存在

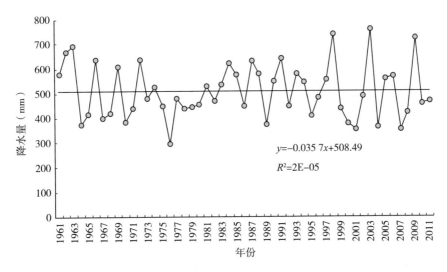

图 6-1　研究区年降水量变化趋势

一个交点，1998 年以后存在多个交点且有的年份有波动，但变化趋势不显著；因 M-K 检验存在突变杂点，采用滑动 t 检验法对研究区降水进行突变检验进行对比分析，其结果如图 6-2b 所示：当步长选择 5 时，突变年份为 1981 年左右，且通过 $\alpha=0.05$ 信度检验。因此，可以认为研究区降水突变点在 1981 年左右。

（2）温度变化分析

对研究区多年气温数据进行统计，并绘制月平均气温变化曲线（图 6-3）。可以看出，研究区年内季节气温变化明显，当年 10 月下旬至次年 3 月研究区月均气温均在 0℃以下，1—2 月平均气温最低，为 -19℃；6—8 月平均气温最高，达 25℃。对研究区年平均气温变化进行分析（图 6-4），发现总体上呈现上升趋势，气温线性趋势回归方程 $y=0.0262x+6.7772$（$R^2=0.1854$，$p<0.01$），升温倾向值为 0.0262℃/a，线性回归趋势检验表明，研究区气温线性趋势较明显，可以认为呈上升趋势。

对研究区年平均温度序列进行 Mann-Kendall 突变检验（图 6-5a），可以看出，UF 和 UB 曲线之间交点在 1988 年，通过了显著性水平 $\alpha=0.05$ 的信度检验，可以认为温度的突变点在 1988 年；采用滑动 t 检验法对研究区温度进行突变检验对比分析，其结果如图 6-5b 所示：当步长选择 6 时，突变年份为 1988 年，且通过 $\alpha=0.05$ 信度检验，两种方法得出的结果一致，

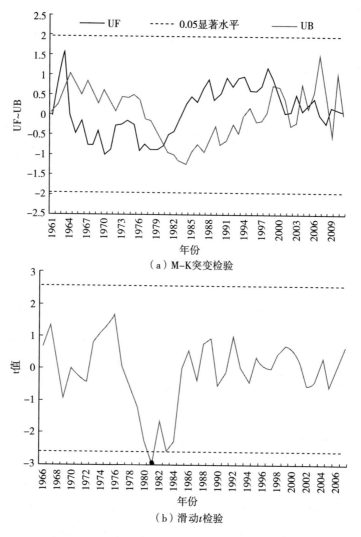

（a）M-K突变检验

（b）滑动t检验

图6-2 研究区降水突变检验结果

可以认为研究区降水突变点在1988年。

（3）潜在蒸散发变化分析

对研究区1961—2011年的年潜在蒸散发进行分析，并绘制出其变化曲线（图6-6），可以发现，年潜在蒸散发总体上呈增加态势，多年平均年潜在蒸散量为1 150.31mm，年际波动变化不大，变化幅度在150mm左右。潜在蒸散发年内变化显著，月潜蒸散发主要集中在4—9月，占全年蒸散发量的81.25%，其中6月的蒸散发量最大；12月和1月的蒸散发能力最弱，

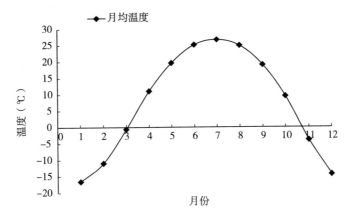

图 6-3　研究区多年月平均气温

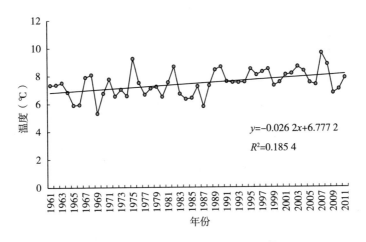

图 6-4　研究区年平均气温变化趋势

合计仅是年蒸散发量的 1.99％；月蒸散发量均大于月降水量，因而该流域气候相对干燥，容易出现干旱。

对研究区年潜在蒸散发序列进行 Mann-Kendall 突变检验（图 6-7a），可以看出 UFk 与 UBk 曲线在 1967 年与 2006 年有两个交点，在 1967 年以前潜在蒸散发有上升趋势但趋势不明显，1967 以后潜在蒸散发上升趋势显著，可以认为 1967 年为突变点；采用滑动 t 检验法对研究区潜在蒸散发进行突变检验对比分析，其结果如图 6-7b 所示：当步长选择 3 时，突变年份为 1967 年，且通过 $\alpha=0.05$ 信度检验，两种方法得出的结果一致，可以认为研究区降水突变点在 1967 年。

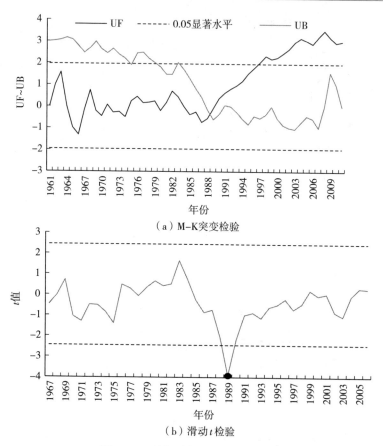

（a）M-K突变检验

（b）滑动 t 检验

图 6-5　研究区温度突变检验结果

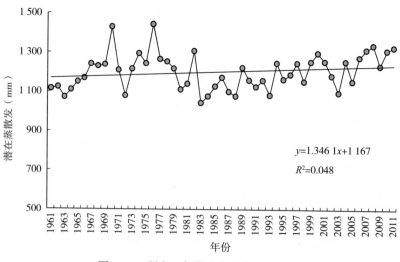

$y=1.346\ 1x+1\ 167$

$R^2=0.048$

图 6-6　研究区年潜在蒸散发变化趋势

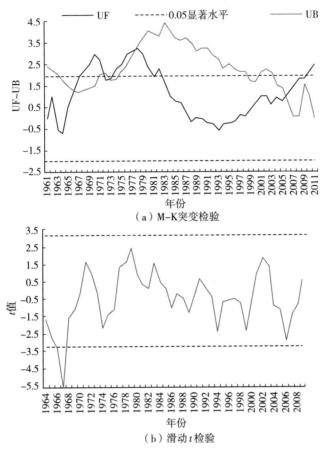

（a）M-K突变检验

（b）滑动 t 检验

图 6-7　研究区潜在蒸散发突变检验结果

由对研究区降水、温度和潜在蒸散发等气象因素变化趋势及突变分析结果可以看出，研究区除降水量呈微弱下降趋势，其变化不显著外，温度和潜在蒸散发均呈上升趋势；各气象因素的突变点主要分布在 20 世纪 80 年代，可以认为 80 年代前为气候发生突变前时段、80 年代为过渡时段、80 年代以后为气候发生突变后时段。

6.1.2　土地利用类型变化分析

6.1.2.1　研究区土地利用类型变化分析

土地利用类型的变化分析，有助于掌握土地利用变化总体态势以及土地利用结构变化。对 1980 年、1995 年、2000 年和 2010 年四期土地利用类型的构成情况进行分析（表6-1、表6-2），可以看出，耕地、林地、未利用地是研究区主要的土地利用类型，三者共占研究区总面积的90%以上。1980年土地利用类型中，占研究区面积比例依次为耕地占65.21%、林地占13.3%、未利用地占12.13%，建设用地增加0.08%。与1980年相比，1995年土地利用类型耕地面积增加1.52%，未利用地增加0.64%，而林地和草地分别减少0.85%和1.28%。1995年以后，研究区耕地面积有所增长，至2000年迅速增加，耕地面积较1995年增加2.77%，未利用地和林地面积分别减少了1.10%、1.96%。2010年较2000年相比，耕地和草地面积分别增加9.20%、1.45%，林地和建设用地分别减少0.77%、1.06%，未利用地减少了9.63%。

与1980年相比，2000年和2010年耕地面积分别增加355.84km²、1 119.24km²，增加比例分别为4.29%、13.49%；林地面积分别减少233.29km²、297.13km²，减少比例分别为2.81%、3.58%；未利用地面积分别减少38.83km²、837.84km²，减少比重分别为0.47%、10.10%。因此，可以认为，耕地持续扩张、林地及未利用地相对减少是研究区的主要土地利用变化方式。

表6-1　1980—2010年研究区土地利用类型变化表

土地利用类型	1980年		1995年		2000年		2010年	
	面积（km²）	比重（%）	面积（km²）	比重（%）	面积（km²）	比重（%）	面积（km²）	比重（%）
耕地	5 410.36	65.21	5 536.31	66.73	5 766.20	69.50	6 529.60	78.70
林地	1 103.24	13.30	1 032.38	12.44	869.95	10.49	806.11	9.72
草地	400.84	4.83	294.87	3.55	312.60	3.77	432.85	5.22
水体	61.33	0.74	52.43	0.63	60.93	0.73	128.41	1.55
建设用地	314.15	3.79	321.14	3.87	319.08	3.85	230.80	2.78
未利用地	1 006.41	12.13	1 059.21	12.77	967.58	11.66	168.57	2.03

表6-2　1980—2010年研究区土地利用类型面积变化率

单位:%

土地利用类型	1980—1995年	1995—2000年	2000—2010年	1980—2000年	1980—2010年
耕地	1.52	2.77	9.20	4.29	13.49

（续）

土地利用类型	1980—1995 年	1995—2000 年	2000—2010 年	1980—2000 年	1980—2010 年
林地	−0.85	−1.96	−0.77	−2.81	−3.58
草地	−1.28	0.21	1.45	−1.06	0.39
水体	−0.11	0.10	0.81	0.00	0.81
建设用地	0.08	−0.02	−1.06	0.06	−1.00
未利用地	0.64	−1.10	−9.63	−0.47	−10.10

6.1.2.2　研究区土地利用转移矩阵

对研究区的四期土地利用数据利用 ArcGIS 进行叠加处理的基础上，对获得的土地利用图属性表进行 Excel 数据透视表分析，进而构建研究区各阶段的土地利用转移矩阵，以此更好地表征研究区不同土地利用类型相互转化的趋势和土地利用变化的结构特征。

土地利用转移矩阵（图 6-8）表明，1980—1995 年，耕地主要向草地转化，转化比例为 2.50%；林地主要向耕地转化，转化比例为 4.22%；草地主要向耕地和林地转化，转化比例依次为 11.61% 和 8.38%；水体主要向沼泽湿地等未利用地转化，转化比例为 10.84%；建设用地主要转化为耕地，转化比例为 5.24%；未利用地主要转化为耕地和林地，转化比例依次为 8.04% 和 3.88%。

1995—2000 年（图 6-8），耕地主要向林地转化，转化比例为 3.33%；林地主要向耕地和草地转化，转化比例分别为 2.00% 和 2.11%；草地主要向耕地和湿地转化，转化比例依次为 22.51% 和 3.78%；建设用地主要向耕地转化，转化比例为 3.53%；未利用地主要转化为耕地，转化比例为 6.54%；水体主要向沼泽湿地转化，转化比例 19.21%。

2000—2010 年（图 6-8），耕地主要向沼泽湿地等未利用地转化，转化比例 7.48%；林地主要向耕地转化，转化比例为 14.27%；草地主要向耕地和沼泽湿地等未利用地转化，转化比例依次为 21.24% 和 58.38%；建设用地主要向耕地转化，转化比例为 43.78%；未利用地主要向耕地和林地转化，转化比例依次为 11.21% 和 13.87%；水体主要向沼泽湿地等未利用地和耕地转化，转化比例依次为 38.00% 和 18.84%。

1980—2000年（图6-8），耕地主要向林地转化，转化比例为4.17％；林地主要向耕地转化，转化比例为0.93％；草地主要向耕地转化，转化比例为0.85％；建设用地主要向耕地转化，转化比例为1.46％；沼泽湿地主要向耕地和林地转化，转化比例为6.89％和14.87％；未利用地主要向耕地、林地和湿地转化，转化比例为71.71％、11.21％和12.48％；水体主要向耕地和沼泽湿地转化，转化比例为16.53％和37.54％。

1980—2010年（图6-8），耕地主要向林地和沼泽湿地等未利用地转化，转化比例为5.82％和7.95％；林地主要向耕地和草地转化，转化比例分别为9.36％和5.14％；草地主要向沼泽湿地等未利用地、耕地和林地转化，转化比例依次为59.56％、15.14％和14.16％；建设用地主要向耕地转化，转化比例为44.21％；未利用地主要向耕地、林地和草地转化，转化比例为7.51％、15.04％和5.31％；水体主要向耕地和沼泽湿地等未利用地转化，转化比例为17.16％和38.63％。

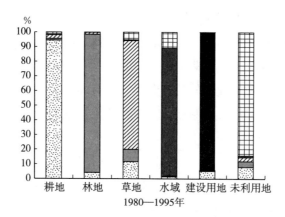

1980—1995年

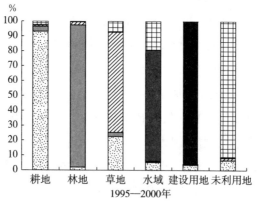

1995—2000年

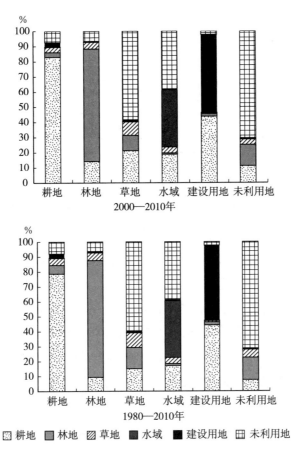

图 6-8　1980—2010 年研究区各阶段土地利用转移矩阵图

　　对研究区各阶段的土地利用转移矩阵分析表明，土地利用的转移趋势主要为耕地向沼泽湿地等未利用地转化，林地主要向耕地和草地转化，草地主要向耕地和沼泽湿地等未利用地转化，水体主要向耕地和沼泽湿地等未利用地转化。耕地、草地、沼泽湿地等未利用地的总面积占研究区的面积比一直稳定在 82% 以上。从土地利用变化趋势上可以看出，耕地面积在 1995 年较 1980 年有所增长，至 2000 年增长幅度开始明显变大，2010 年增长幅度再次加大。耕地的扩张、沼泽湿地等未利用地减少是研究区土地利用类型转化的总体趋势，这也反映出人类活动对研究区干扰程度的加大。可以认为，研究区人类活动的干扰程度在 20 世纪 80 年代以前相对较小，80 年代以后开始加剧，到 2000 年以后，干扰程度明显加剧。

6.2 气候变化和 LUCC 对干旱影响的定量分析

干旱是气候变化和 LUCC 等多因素共同作用的结果。如何厘定气候变化和 LUCC 对干旱影响的贡献率，是研究二者对干旱影响的关键问题。同分布式水文模型的径流影响分割分析法一样，评价气候变化和 LUCC 对干旱的影响，首先需要解决的关键问题就是界定基准期和影响期。考虑研究区气候变化和土地利用变化的分析结果，研究区气候突变不易确定，土地利用变化 1980 年以前是人类活动干扰程度相对较小时期，2000 年以后人类活动干扰程度明显加剧，且已有研究表明，研究区的径流突变发生在 20 世纪 80 年代初期[177]，因此，本书以 1985 年为分界，将 1961—1985 年设定为基准期，1986—2010 年确定为影响期。以基准期的干旱特征指标的平均值作为基准值，使用影响期干旱特征指标的平均值与基准值之间的差值，厘定气候变化和 LUCC 对干旱的贡献率，包括气候变化影响和 LUCC 影响两部分，按照第三章描述的研究方法进行贡献率的分离。由于 20 世纪 60 年代和 70 年代的相关土地利用数据难以获得，本书采用 1980 年土地利用数据作为模型输入。

表 6-3　气候变化和 LUCC 对干旱影响的模拟方案设置

模拟时期	模拟方案	气象输入数据	土地利用输入数据
基准期	基准方案	1961—1985	1980
影响期	气候变化方案	1986—2000	1980
	土地利用变化方案	1961—1985	2000

6.2.1 气候变化和 LUCC 对气象干旱的影响分析

气候变化对气象干旱的影响，目前多是集中在基于统计学方法，计算气象干旱对气象因素的各因子敏感性来进行研究，其前提是假定各因子之间相互独立、互不影响。但是，气象因素包括降水、温度、蒸散发、风速、相对湿度、水蒸气压等诸多因子，并且各因子之间是相互影响而并非是独立的，气象因素各因子综合作用，共同影响干旱。土地利用变化通过覆被的变化对地表能量通量以及水循环进行影响，进而影响气象干旱，影响机理极其复杂。已有研究多是分析土地利用变化对干旱指数的影响[236]。本书采用构建的干旱评价模式模拟二者对气象干旱的影响。

将气候变化方案的相关数据输入模型并运行，结合气象干旱指标 SPEI，根据干旱评价方法进行研究区气象干旱识别和干旱历时、干旱强度、干旱率等相关特征指标的计算，并和基准期的相关特征指标进行比较（表 6-4）。

表 6-4　气候变化和 LUCC 对气象干旱的影响模拟结果

名称	干旱特指标	干旱历时（月）	干旱强度	干旱率
模拟结果	基准方案（x_0）	3.244	1.205	0.713 6
	气候变化方案（x_1）	4.026	1.574	0.716 5
	土地利用变化方案（x_2）	3.372	1.339	0.715 2
相对基准期值的变化量	$\Delta x_1 = x_1 - x_0$	0.782	0.369	0.002 9
	$\Delta x_2 = x_2 - x_0$	0.128	0.134	0.001 6
	$\Delta x = \lvert \Delta x_1 \rvert + \lvert \Delta x_2 \rvert$	0.91	0.503	0.004 5
贡献份额（%）	$\varphi_1 = \Delta x_1 / \Delta x$	85.93	73.36	64.44
	$\varphi_2 = \Delta x_2 / \Delta x$	14.07	26.64	35.56

由模拟结果（表 6-4、图 6-9）可知，气候变化和 LUCC 对气象干旱的影响，首先，表现在影响作用均为正向，从而加剧了气象干旱的程度，表现在不同程度的干旱历时增加、干旱强度加剧。其次，气候变化对气象干旱

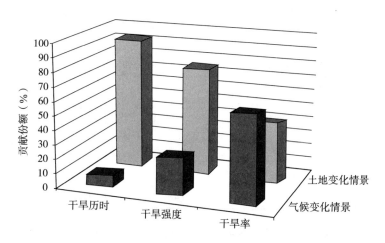

图 6-9　气候变化和 LUCC 对气象干旱的影响

历时的影响远高于土地利用变化对干旱历时的影响，前者对气象干旱历时的贡献份额为85.93％，而后者的贡献份额为14.07％。在对气象干旱强度的影响上，土地利用变化对气象干旱强度的影响明显弱于气候变化对干旱强度的影响，前者贡献份额为26.64％，后者的贡献份额为73.36％。而气候变化在对气象干旱的干旱率的影响上，贡献份额为64.44％，强于土地利用变化对气象干旱率的影响贡献份额。

由上述模拟分析结果还可以发现，气象变化对气象干旱历时的影响最大，对干旱强度的影响次之；土地利用变化对气象干旱强度的影响最大，对气象干旱历时的影响次之。

6.2.2　气候变化和 LUCC 对农业干旱的影响分析

将气候变化和土地利用变化的相关数据分别输入模型并依次运行，结合农业干旱指标 PDSI，根据干旱评价方法进行研究区农业干旱识别和干旱历时、干旱强度、干旱率等相关干旱特征指标的计算，并和基准期的相关特征指标进行比较（表6-5）。在此基础上，按照第三章描述的研究方法进行二者对农业干旱影响贡献率的分离。

表6-5　气候变化和 LUCC 对农业干旱的影响模拟结果

名称	干旱特指标	干旱历时（月）	干旱强度	干旱率
模拟结果	基准方案（x_0）	14.77	38.579	0.664 3
	气候变化方案（x_1）	16.62	58.133	0.680 4
	土地利用变化方案（x_2）	25	83.497	0.674 3
相对基准期值的变化量	$\Delta x_1 = x_1 - x_0$	1.85	19.554	0.016 1
	$\Delta x_2 = x_2 - x_0$	10.23	44.918	0.01
	$\Delta x = \mid \Delta x_1 \mid + \mid \Delta x_2 \mid$	12.08	64.472	0.026 1
贡献份额（％）	$\varphi_1 = \Delta x_1 / \Delta x$	15.31	30.33	61.69
	$\varphi_2 = \Delta x_2 / \Delta x$	84.69	69.67	38.31

由模拟结果（表6-5、图6-10）可知，气候变化和 LUCC 对农业干旱的影响，首先，表现在影响作用均为正向，从而加剧了农业干旱的程度，表

现在不同程度的干旱历时增加、干旱强度加剧、干旱率（干旱覆盖面积）扩大。其次，土地利用变化对农业干旱历时的影响远高于气候变化对干旱历时的影响，前者对农业干旱历时的贡献份额为 84.69％，而后者的贡献份额为 15.31％。在对农业干旱强度的影响上，土地利用变化对农业干旱强度的影响仍高于气候变化对干旱强度的影响，前者贡献份额为 69.67％，后者的贡献份额为 30.33％。表明 LUCC 在对农业干旱的影响中处于主要地位，这和研究区的高强度人类活动紧密相关。而气候变化在对农业干旱的干旱率上起到主要影响效果，贡献份额为 61.69％，远高于土地利用变化对农业干旱率的影响份额。

由上述模拟分析结果还可以发现，土地利用变化对农业干旱历时的影响最大，对干旱强度的影响次之，对干旱率的影响最弱；气候变化对农业干旱率的影响最大，对农业干旱强度的影响次之，对干旱历时的影响最弱。

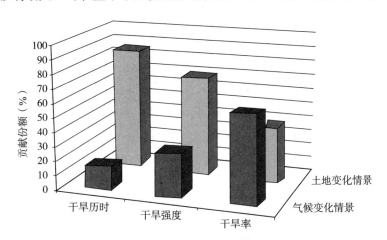

图 6-10　气候变化和 LUCC 对农业干旱的影响

6.2.3　气候变化和 LUCC 对水文干旱的影响分析

将气候变化和土地利用变化的相关数据分别输入模型并依次运行，结合水文干旱指标 PDSI，根据干旱评价方法进行研究区水文干旱识别和干旱历时、干旱强度、干旱率等相关干旱特征指标的计算，并和基准期的相关特征指标进行比较（表 6-6）。在此基础上，按照第三章描述的研究方法进行二者对水文干旱影响贡献份额的分析。

表 6-6　气候变化和 LUCC 对水文干旱影响的模拟结果

名称	干旱特指标	干旱历时（月）	干旱强度	干旱率
模拟结果	基准方案（x_0）	18.09	59.524	0.812 8
	气候变化方案（x_1）	18.75	72.36	0.813 1
	土地利用变化方案（x_2）	26.11	99.375	0.813 0
相对基准期值的变化量	$\Delta x_1 = x_1 - x_0$	0.66	12.836	0.000 3
	$\Delta x_2 = x_2 - x_0$	8.02	39.851	0.000 2
	$\Delta x = \mid \Delta x_1 \mid + \mid \Delta x_2 \mid$	8.88	52.687	0.000 5
贡献份额（%）	$\varphi_1 = \Delta x_1 / \Delta x$	7.6	24.36	60
	$\varphi_2 = \Delta x_2 / \Delta x$	92.4	75.64	40

　　由模拟结果（表 6-6、图 6-11）可知，气候变化和 LUCC 对水文干旱的影响，首先，表现为正向作用影响，从而加剧水文干旱的程度，表现在不同程度的干旱历时增加、干旱强度加剧、干旱率（干旱覆盖面积）扩大。其次，土地利用变化对水文干旱历时的影响远高于气候变化对干旱历时的影响，前者对水文干旱历时的贡献份额为 92.4%，而后者的贡献份额仅为 7.6%。在对水文干旱强度的影响上，土地利用变化对水文干旱强度的影响仍高于气候变化对干旱强度的影响，前者贡献份额为 75.64%，后者的贡献份额为 24.36%。表明 LUCC 在对水文干旱的影响中处于主要地位，这和对农业干旱影响的贡献分析结果相一致。气候变化在对水文干旱的干旱率影响

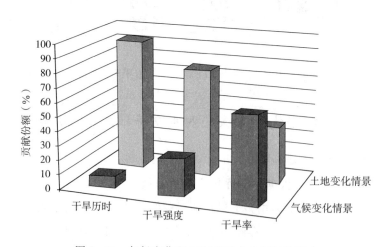

图 6-11　气候变化和 LUCC 对水文干旱的影响

贡献份额为 60%，土地利用变化对水文干旱率的影响份额为 40%。

由上述模拟分析结果还可以发现，土地利用变化对水文干旱历时的影响最大，对干旱强度的影响次之，对干旱率的影响最弱；气候变化对水文干旱率的影响最大，对水文干旱强度的影响次之，对干旱历时的影响最弱。

6.3　气象干旱、农业干旱和水文干旱三者间关系探讨

上述气候变化和 LUCC 对各类干旱影响的模拟结果表明，与气候变化相比，以 LUCC 为主的人类活动对农业干旱和水文干旱的历时和强度贡献相对较大，是农业干旱和水文干旱的重要影响因素；在人类活动干扰强烈的研究区，气象、农业、水文干旱三者间的关系较自然条件下的情况变得更为复杂。

气象干旱着眼于降水量是否异常偏少；农业干旱着眼于土壤含水量是否异常，水文干旱则侧重地表或地下水水量。自然条件下当降水亏缺达一定阈值，则引发气象干旱。气象干旱导致土壤含水量降低，而自然条件下的农业又以雨养农业为主，无外在降水补给的土壤，当含水量降低到一定程度，会导致地下水的补给出现不足，土壤供水无法达到需水要求，进而引发农业干旱。降水不足以及农业干旱产生的土壤包气带增厚，潜水因蒸发使得补给土壤的水量降低，又导致地表径流减少或地下水位下降，出现水文干旱。也即是说，自然条件下气象干旱是引发农业干旱和水文干旱的唯一来源。

而本书模拟结果显示，研究区因受以 LUCC 为主的强人类活动干扰，自然条件下三类干旱间的关系已不再完全适用，具体表现为：未发生气象干旱，但发生水文干旱；气象干旱导致严重水文干旱，影响灌溉量从而发生农业干旱。为便于直观说明问题，以 2007 年干旱事件过程为例予以说明。

2007 年 5 月份研究区降水减少，6 月份开始发生中等以上气象干旱事件，从 7 月中旬到 7 月末，平均降水量仅有 28.1mm，一直未出现有效降水过程，旱情发展很快，齐齐哈尔市首度发布干旱橙色预警，旱情级别 50 年一遇[237]，8 月份气象干旱等级演变为重旱，其过程一直持续到 2008 年 1 月

份。而 2006 年黑龙江省干旱少雨，西部旱情加重且来水不足，齐齐哈尔地区旱情更重，4 月 18 日齐齐哈尔水文站开江水位为 142.64m，比历年同期低 0.99m[238]，研究区自 10 月份持续发生不同程度水文干旱，至 2007 年春季刚有所缓解，又适值春播期，用水量加大又导致本来减弱的水文干旱加剧。水文干旱导致补给土壤的水分减少，2007 年 6 月份发生轻微以上农业干旱，自 7 月开始干旱等级加重，逐渐演变为特旱并持续至 2008 年 2 月份，以后逐渐减弱，至 2008 年 5 月份转为正常。为抗旱保墒，用水量继续加大，自 2007 年 7 月至 2008 年 2 月，水文干旱持续为特旱等级，以后开始减弱，至 2008 年 5 月份变为轻微干旱。

基于水循环的降水产流水文过程角度，容易理解受以 LUCC 为主的强人类活动干扰的研究区三类干旱之间的关系。随着研究区经济发展、人口增多，对水资源需求和利用的加大，导致水循环的演变过程发生改变，进而造成地表径流以及地下水的减少，这是未发生气象干旱却出现水文干旱的主要原因。同时，研究区属农业灌溉区，若出现严重气象干旱，为抗旱保墒必然加大灌溉量，无外在降水补给，产汇流的减少导致地表径流和地下水下降，导致严重水文干旱，而水文干旱又影响农业灌溉所需的水量，导致土壤含水量的降低进而发生农业干旱。

6.4　干旱指标在旱情不同阶段中的应用

由气候变化和 LUCC 对研究区干旱影响的模拟结果和对气象、农业、水文干旱三者的关系的揭示，表明气象干旱、农业干旱、水文干旱是干旱在某一时段不同方面的外在特征表现，因此，需要从不同角度全面认识和评价气候变化和 LUCC 对干旱的影响。基于 SWIM 模型和不同干旱指标，干旱初始期，可结合 SPEI 等干旱指标进行旱情的模拟，以此认识和评价降水、温度等气候因素变化带来的影响，作为干旱预警的参考；干旱发展期，可结合 PHDI 等水文干旱指标进行旱情的模拟，来认识和评价土壤湿度异常对径流、地下水和蓄水量影响，以丰富水情信息供相关部门参考；干旱严重期，可结合 PDSI 等干旱指标进行干旱的模拟，从而认识和评价农田及作物受旱程度，为农业科学灌溉抗旱提供田间指导。

6.5　本章小结

本章对研究区气候变化和土地利用变化进行分析，并在设定基准期和影响期的前提下，设置情景模拟方案，应用构建的研究区干旱评价模式，对气候变化和 LUCC 对研究区气象干旱、农业干旱和水文干旱的影响进行了厘定，并借鉴应用分布式水文模型气候变化和土地利用变化对径流影响的定量分离方法，对 LUCC 和气候变化对干旱影响进行定量分离。主要结论如下：

（1）研究区年降水量总体上呈微弱下降趋势，年际波动较大

Mann - Kendall 突变检验结果表明，年降水变化趋势不显著，可以认为研究区降水未发生突变现象。多年年平均温度序列线性趋势较明显，呈上升趋势，Mann - Kendall 突变检验表明，温度的突变点在 1988 年前后。年潜在蒸散发总体上呈增加态势，年内变化显著，主要集中在 4—9 月，占全年蒸散发量的 81.25%，月蒸散发量均大于月降水量，因而该流域气候相对干燥，容易出现干旱，Mann - Kendall 突变检验表明突变点发生在 1967 年左右。

（2）对研究区各阶段的土地利用转移矩阵分析表明，土地利用的转移趋势主要为耕地向沼泽湿地转化，林地主要向耕地和沼泽湿地转化，草地主要向耕地和沼泽湿地转化，水体主要向耕地和沼泽湿地转化

耕地、草地、沼泽湿地的总面积占研究区的面积比一直稳定在 82% 以上。从土地利用变化趋势上可以看出，耕地面积在 1995 年较 1980 年有所增长，至 2000 年增长幅度开始明显变大，2010 年增长幅度再次加大。耕地的扩张、沼泽湿地萎缩是研究区土地利用类型转化的总体趋势，这也反映出人类活动对研究区干扰程度的加大。研究区人类活动的干扰程度在 20 世纪 80 年代以前相对较小，80 年代以后开始加剧，到 2000 年以后，干扰程度明显加剧。

（3）气候变化方案和土地利用变化方案对气象干旱的影响作用为正向，从而加剧了气象干旱的程度，表现在不同程度的干旱历时增加、干旱强度加剧

气候变化和 LUCC 对气象干旱历时影响的贡献份额为 85.93% 和

14.07%；对干旱强度影响的贡献份额为 73.36% 和 26.64%；对干旱率影响的贡献份额为 64.44% 和 35.56%。

（4）气候变化方案和土地利用变化方案对农业干旱影响作用为正向

对农业干旱历时的影响贡献份额为 15.31% 和 84.69%。对农业干旱强度的影响贡献份额为 30.33% 和 69.67%。对农业干旱率影响贡献份额为 61.69% 和 38.31%。LUCC 对农业干旱历时的影响最大，对干旱强度的影响次之，对干旱率的影响最弱；气候变化对农业干旱率的影响最大，对农业干旱强度的影响次之，对干旱历时的影响最弱。

（5）气候变化和土地利用变化对水文干旱影响作用为正向

气候变化和土地利用变化对水文干旱历时的影响贡献份额为 7.6% 和 92.4%。对水文干旱强度的影响贡献份额约 25% 和 75%，对水文干旱率的影响份额为 60% 和 40%。

第 7 章　结论与展望

7.1　主要研究结论

为定量评价气候变化和 LUCC 对东北黑土区干旱的影响，选取黑土区典型流域中的乌裕尔河中上游流域为研究对象，构建了分布式生态水文模型 SWIM，并对其适应性进行了评价；基于 SWIM 模型和干旱指标 SPEI、PDSI 和 PHDI 建立了研究区月尺度干旱评价模式，根据旱情历史记载信息和气象干旱图集从时空两方面验证了构建的干旱评价模式的合理性；针对已有的松嫩平原西部地区帕尔默旱度模式研究结果的不足，对研究区气候特征系数 K 值进行了修正完善；在此基础上，对研究区 1961—2011 年的气象干旱、农业干旱和水文干旱分别进行了识别和相关干旱特征变量的提取计算；依据研究区干旱识别结果和提取的干旱特征变量，对研究区干旱时空演变特征进行了分析，并采用 Copula 函数，对干旱历时和干旱强度进行了联合重现期和同现重现期的分析；应用构建的干旱评价模式，通过设置模拟方案进行情景模拟，定量评价了气候变化和 LUCC 对研究区气象干旱、农业干旱和水文干旱的贡献份额。主要研究结论有：

7.1.1　SWIM 模型在乌裕尔河流域具有较好的适用性

以典型东北黑土区乌裕尔河中上游流域为研究区，引入 SWIM 水文模型，利用偏相关系数评价模型参数的敏感性，基于流域出水口依安水文站 1961—1997 年实测日径流数据和部分气象站小型蒸发皿数据，进行了多站点、多变量的模型率定和验证，并通过模拟结果与实测资料对比，探讨了 SWIM 模型在东北黑土区流域的适用性、存在的误差及其原因。结果表明：

①在率定期和验证期，月径流和日径流的纳希效率系数分别大于 0.71 和 0.55，径流相对误差在 6.0% 以内，月径流的模拟效果好于对日径流的模拟效果；月潜在蒸散发的纳希效率系数达 0.81 以上；②在月尺度上经过校准的 SWIM 模型可以应用于东北黑土区与径流相关的各种模拟分析；③但模型在模拟融雪和冻土产流方面存在一定的限制；对同时具有春汛和夏汛的年份模拟效果也较差；对年降水量出现骤增的年份年径流量的模拟结果会几倍于实测值，但基本能够重现汛期的流量变化过程。模型不仅可以为管理者对该流域水环境综合管理提供水文基础支持，对黑土区其他流域也具有一定的推广和应用价值。

7.1.2 基于 SWIM 模型的研究区干旱评价模式构建及真实性检验

为建立一种在时空尺度上对研究区内各地区的干旱严重程度进行直接比较的方法，从水循环关键要素角度出发，利用 SWIM 模型进行干旱基本评价单元的划分；然后基于 SWIM 模型各水文分量的输出结果，经综合分析比较选取了 SPEI、PDSI 和 PHDI 三个指数分别作为气象干旱、农业干旱和水文干旱指标；再次进行干旱基本评价单元和研究区干旱关键阈值的选取，构建了研究区气象干旱、农业干旱和水文干旱月尺度评价模式。在三种干旱月尺度评价模式应用的基础上从时空两方面对评价结果进行了验证，结果表明：构建的月尺度干旱评价模式的干旱识别评价结果均与历史旱情记载信息和气象干旱图集结果基本一致。不仅表明研究提出的关键阈值以及构建的干旱评价模式具有合理性，而且能够揭示研究区三种干旱的时空演变特征。

7.1.3 修正了帕尔默旱度模式中气候特征系数 K 值

气候特征系数 K 值是评价帕尔默旱度模式 PDSI 指数的关键参数。针对松嫩平原西部已建立的修正帕尔默旱度模式应用的局限性，即在相对面积较小的区域应用精度偏低。考虑乌裕尔河中上游流域的面积偏小的现状，为更准确地反映研究区的实际情况，依据研究区长时间序列的数据对气候特征值 K 的计算公式做了进一步修正，应用结果表明修正 K 值后的 PDSI 指数在研究区的空间可比性更好。修正的气候特征系数 K 如下：

$$K' = 4.993\,5\log\left(\frac{\overline{PE}+\overline{R}+\overline{RO}}{(\overline{P}+\overline{L})\overline{D}}\right)+12.955$$

$$K = \frac{2\,107.801}{\sum_{1}^{12}\overline{DK'}}K'$$

7.1.4　揭示了气象干旱、农业干旱和水文干旱的时空演变特征

针对研究区干旱结果进行了时间和空间上的干旱特征分析,并通过 Copula 函数把干旱历时和干旱强度两个主要特征变量结合起来,借助重现期对研究区的干旱特征进行分析。

(1) 气象干旱

研究时段内年均干旱月数为 5.7 个月;研究区轻旱月数呈下降趋势,中旱、重旱、特旱月数呈增加趋势。干旱率年际变率不大,总体上呈现增加的态势,年代际上 20 世纪 80 年代最低,90 年代以后明显增加;四季中春季干旱率最大。空间上,研究区大部分地区轻微以上干旱发生的频率总体相差不大;中等以上干旱分布频率以克山县东部及克东县西南最高,北安市和五大连池市最低。各等级干旱强度空间分布大体一致,干旱强度高值区基本都出现在克山县和克东县之间区域。

(2) 农业干旱

研究时段内年均干旱月数为 7.18 个月,发生干旱的年份多于正常年份。干旱发生月数呈增加趋势,20 世纪 90 年代以后重旱、特旱月份逐年增加。干旱率年际变率较大,年代际上 80 年代最低,90 年代以后明显增加。四季中春季平均干旱率最高。空间上,研究区各等级干旱发生频率分布基本一致,只是小部分地区干旱等级发生频率有所变化,高发地区出现在研究区的东北部。各等级干旱强度的高值区出现规律基本上按照研究区的边缘分布,低值区沿主河道附近分布。

(3) 水文干旱

研究时段内年均干旱月数为 7.6 个月,干旱发生月数轻旱呈下降趋势,中旱和特旱呈明显增加趋势。干旱率年际变率明显,年代际上呈增加—降低—增加趋势。四季中秋季和冬季干旱率变化明显,春季平均干旱率最高。空

间上，各等级干旱发生频率分布差异明显，呈现为西南部低，东北部高。频率最高地区在研究区东北部。轻旱的强度高值区出现在研究区西北部，大致呈 C 形分布，其他等级干旱强度分布与轻微以上干旱强度的空间分布相比，高值区由 C 形变成条形。

7.1.5 干旱历时和干旱强度的二维 Copula 函数联合分布模型及重现期

基于 Copula 函数的联合概率分布法，对研究区气象干旱、农业干旱和水文干旱的干旱历时和干旱强度进行双变量分析。采用 Clayton - Copula、Gumbel - Copula 和 Frank - Copula 函数将两个特征指标的边缘分布连接起来，构造联合分布函数并进行拟合，分别建立干旱历时、干旱强度之间的二维 Copula 函数联合分布模型。按照 SED 原则、离差平方和准则（OLS）和 AIC 信息准则对各种 Copula 函数进行拟合优度评价，依此优选出拟合情况最优、适合研究区干旱特征变量相关性 Copula 函数模型。研究区气象、农业和水文干旱特征变量中干旱历时和干旱强度的最优联合分布均为 Clayton-Copula。干旱历时和干旱强度联合重现期、同现重现期均有如下特征：重现期均介于二者联合重现期 T_a 与同现重现期 T_o 之间，表明干旱历时和干旱强度联合分布的两种组合重现期可视为边缘分布重现期的两个极端，且干旱历时和干旱强度在增加幅度相同的条件下，二者相应的同现重现期 T_o 增幅比其联合重现期 T_a 增幅要大。

7.1.6 气候变化和 LUCC 对研究区干旱影响的定量分析

气候变化和 LUCC 对研究区干旱影响的作用方向均为正向，加剧了干旱。

（1）气候变化和 LUCC 对气象干旱历时影响

气候变化和 LUCC 对气象干旱历时影响的贡献份额为 85.93％和 14.07％；对干旱强度影响的贡献份额为 73.36％和 26.64％；对干旱率影响的贡献份额为 64.44％和 35.56％。

（2）气候变化和 LUCC 对农业干旱历时的影响

气候变化和 LUCC 对农业干旱历时的影响贡献份额为 15.31％和 84.69％。对农业干旱强度的影响贡献份额为 30.33％和 69.67％。对农业干旱率影响贡献份额为 61.69％和 38.31％。LUCC 对农业干旱历时的影响最大，对干旱强度的影响次之，对干旱率的影响最弱；气候变化对农业干旱率的影响最大，对农业干旱强度的影响次之，对干旱历时的影响最弱。

（3）气候变化和 LUCC 对水文干旱历时的影响

气候变化和 LUCC 对水文干旱历时的影响贡献份额为 7.6％和 92.4％。对水文干旱强度的影响贡献份额为 24.36％和 75.64％，对水文干旱率的影响份额为 60％和 40％。

（4）气候变化和 LUCC 对各类干旱影响

不同气候变化和 LUCC 对各类干旱影响的模拟结果表明，与气候变化相比，以 LUCC 为主的人类活动对农业干旱和水文干旱的历时和强度贡献相对较大，是农业干旱和水文干旱的重要影响因素；在人类活动干扰强烈的研究区，气象、农业、水文干旱三者间的关系较自然条件下的情况变得更为复杂，需要根据干旱的不同发展阶段，选择适宜的干旱评价指标进行模拟和应用。

7.2 不足之处与展望

干旱是气候变化和人类活动共同影响的结果，当前气候变化和人类活动对干旱的影响日益加剧，如何厘定气候变化和 LUCC 对干旱影响的贡献率，是研究二者对干旱影响的关键问题。目前关于气候变化及人类活动对流域干旱影响的定量分析尚有待深入。受研究水平、资料获取等方面的限制，本书的研究存在以下不足之处：

（1）气候变化和 LUCC 对干旱影响的定量分析

尽管构建的干旱评价模式分析结果与验证结果大体一致，但由于 SWIM 模型本身没有包含水库模块，LUCC 对干旱的影响模拟可能与实际略有差别。此外，本书对干旱影响的定量分析只是对干旱历时、强度以及干旱率等特征变量的影响进行了定量分析，未能建立对各类干旱直观的综合定量，需要在下一步的研究中加以弥补和完善。

（2）空间输入数据

空间输入数据如 DEM 精度及栅格大小、子流域划分数目、土壤与土地利用数据的精度、气象站点的空间分布和密度、对流域相关特征的准确描述等决定着水文模拟的结果，进而影响着对流域干旱的识别和评价。受研究区内气象站点密度影响，无法得到更多的长时间序列气象数据。此外，模型基于实测值检验模拟效果进行调参率定，难以避免程序误差。

通过运用分布式生态水文模型 SWIM 进行了研究区相关水文过程要素模拟，并结合干旱指标构建研究区干旱评价模式对 LUCC 和气候变化对干旱的影响进行了分析，在得到一定的初步结论的同时，也体悟到一定的新认识。研究中存在的一些不足和尚未解决的问题值得进一步深入研究。

（1）本研究中的情景方案设置带有一定的主观性

今后的研究应结合当地经济发展、政府部门的土地利用总体规划，兼顾研究区潜在生态条件，在此基础上进行土地利用变化情景方案设置，对研究区的水文响应和干旱响应进行模拟和评价，使其更适用于研究区目前的实际情况，从而为相关政府部门制定科学防涝旱有效抗旱涝的政策提供更有价值的参考。

（2）分布式生态水文模型有待进一步研究

东北黑土区季节性冻土层广泛存在，使其水文特点与无冻土区有着显著区别。季节性冻土对上层土壤含水量、土壤蒸发能力和土壤入渗有着深刻影响，从而影响流域产汇流，进而影响径流量。虽然 SWIM 模型考虑的水文过程更加复杂，能够较为精细地刻画流域水文特征，但由本书模拟日径流的结果发现，SWIM 模型模拟融雪和冻土解冻产生的春汛径流并不理想，模拟值都小于实测值，这可能与东北黑土区的水文特性有很大关系，表明模型在模拟融雪和冻土产流方面还存在一定的限制，还有待对模型结构进行深入研究和完善。

［1］秦大河，丁一汇，王绍武，等，2002. 中国西部生态环境变化与对策建议［J］. 地球科学进展，（03）：314－319.

［2］王伟光，郑国光，2013. 应对气候变化报告（2013）：聚焦低碳城镇化［M］. 北京：社会科学文献出版社，360－362.

［3］Wilhite D A，2000. Drought as a natural hazard：Concepts and defitnitions//Wilhite D A，ed. Drought：A Global Assessment. London & New York：Routledge：3－18.

［4］李杰卿，2010. 不可不知的世界 5000 年灾难记录［M］. 武汉：武汉出版社.

［5］卢爱刚，葛剑平，庞德谦，等，2006.40a 来中国旱灾对 ENSO 事件的区域差异响应研究［J］. 冰川冻土，28（04）：535－542.

［6］Ashok K M，Vijay P S，2011. Drought modeling：A review. Journal of Hydrology，403：157－175.

［7］IPCC，2012. Summary for policymakers//Managing the Risks of Extreme Events and Disasters to Advance Climate Change Adaptation. A Special Report of Working Groups I and II of the Intergovernmental Panel on Climate Change. Cambridge，UK，and New York，NY，USA：Cambridge University Press：1－19.

［8］张强，陈丽华，王润元，等，2012. 气候变化与西北地区粮食和食品安全［J］. 干旱气象，30（4）：509－513.

［9］Allen M R，Ingram W J，2002. Constrains on future changes in climate and the hydrologic cycle. Nature，419：224－232.

［10］Oki T，Kanae S，2006. Global hydrological cycles and world water resources. Science，313：1068－1072.

［11］丁一汇，2008. 人类活动与全球气候变化及其对水资源的影响［J］. 中国水利（2）：20－27.

［12］秦大河，陈宜瑜，李学勇，2005. 中国气候与环境演变（上卷）：中国气候与环境的演变与预测［M］. 北京：科学出版社.

［13］杜习乐，吕昌河，王海荣，2011. 土地利用/覆被变化（LUCC）的环境效应研究进

展 [J]. 土壤，43 (3)：350 - 360.

[14] Blenkinsop S, Fowler H J, 2007. Changes in drought frequency, severity and duration for the British Isles projected by the prudence regional climate models [J]. Journal of Hydrology, 342：50 - 71.

[15] Eleanor J B, Simon J B, 2010. Regional drought over the UK and changes in the future [J]. Journal of Hydrology, 394：471 - 485.

[16] Bernhard L, Petra D, Joseph A. 2006. Estimating the impact of global change on flood and drought risks in Europe：A continental integrated Analysis [J]. Climate Change, 75 (3)：273 - 299.

[17] 夏军，谈戈，2002. 全球变化与水文科学新的进展与挑战 [J]. 资源科学，(03)：3 - 9.

[18] CSU, 2010. Earth System Science for global Sustainability：the Grand Challenges [R]. Paris：International Council for Science.

[19] 郭维栋，符淙斌，安芷生，2005. 我国生存环境演变和北方干旱化趋势预测研究 (I)：主要研究成果 [J]. 地球科学进展，20 (11)：1157 - 1167.

[20] 廉毅，高枞亭，任红玲，等，2001. 20 世纪 90 年代中国东北地区荒漠化的发展与区域气候变化 [J]. 气象学报，59 (6)：730 - 736.

[21] 任国玉，初子莹，周雅清，等，2005. 中国气温变化研究最新进展 [J]. 气候与环境研究，10 (004)：701 - 716.

[22] 汪宏宇，龚强，孙凤华，等，2005. 东北和华北东部气温异常特征及其成因的初步分析 [J]. 高原气象，(06)：1024 - 1033.

[23] 孙凤华，杨修群，路爽，等，2006. 东北地区平均、最高、最低气温时空变化特征及对比分析 [J]. 气象科学，26 (2)：157 - 163.

[24] 安刚，孙力，廉毅，2005. 东北地区可利用降水资源的初步分析 [J]. 气候与环境研究，10 (1)：132 - 139.

[25] 孙凤华，杨素英，陈鹏狮，等，2005. 东北地区近 44 年的气候暖干化趋势分析及可能影响 [J]. 生态学杂志，24 (7)：751 - 755.

[26] 唐蕴，王浩，严登华，等，2005. 近 50 年来东北地区降水的时空分异研究 [J]. 地理科学，25 (2)：172 - 176.

[27] 侯依玲，李栋梁，施雅风，等，2005. 50 年来我国东北及邻近地区年降水量的年代际异常变化 [J]. 冰川冻土，27 (6)：838 - 845.

[28] 卢洪健，莫兴国，孟德娟，等，2015. 气候变化背景下东北地区气象干旱的时空演变特征 [J]. 地理科学，35 (8)：1051 - 1059.

[29] 王艳秋，高煜中，潘华盛，等，2007. 气候变暖对黑龙江省主要农作物的影响 [J]. 气候变化研究进展，3 (006)：373-378.

[30] Woetzel Jonathan, Martin Joerss, Larry Wang, et al, 2009. From bread basket to dust bowl: Assessing the economic impact of tackling drought in North and Northeast China [M]. McKinsey Climate Change, 1-52.

[31] 王尚义，李玉轩，马义娟. 地理学发展视角下的历史流域研究 [J]. 地理研究，2015，34 (1)：27-38.

[32] 章光新，2006. 关于流域生态水文学研究的思考. 科技导报，24 (12)：42-44.

[33] 郑艳新，蔡炳双，2003. 黑龙江省旱灾分析预测及对策. 水利天地，(4)：30-31.

[34] 蒋桂芹，2013. 干旱驱动机制与评估方法研究 [D]. 北京：中国水利水电科学研究院.

[35] 翁白莎，2012. 流域广义干旱风险评价与风险应对研究——以东辽河流域为例 [D]. 天津：天津大学.

[36] Mc Quigg J, 1954. A simple index of drought conditions. Weatherwise, 7：64-67.

[37] McGuire J K, Palmer W C, 1957. The 1 957drought in the eastern United States. Monthly Weather Review, 85 (9)：305-314.

[38] Marcovitch S, 1930. The Measure of Droughtiness [M]. Monthly Weather Review, 58 (3)：113-113.

[39] De Martonne E, 1926. Une nouvelle fonction climatologique：L'indice d'aridité [M]. La Meteorologie, 449-458.

[40] Allenrg, Pereirals, Raesd, et al, 1998. Crop evapotranspiration - Guidelines for Computing Crop Water Requirements. FAO Irrigation and Drainage Paper 56 [M]. Food and Agriculture Organization of the United Nations.

[41] Bahlme H N, Mooley D A, 1980. Large - Scale drought/floods and Monsoon circulation [M]. Monthly Weather Review, 108：1197-1211.

[42] Shafer B A, Dezman L E, 1982. Development of a surface water supply index (SWSI) to assess the severity of drought conditions in snowpack runoff areas [R]. In：Proceedings of the (50th) 1 982 Annual Western Snow Conference, Fort Collins, CO：Colorado State University：164-175.

[43] Keeth J J, Byram G M, 1968. A drought index for forest fire control：USDA Forest Service Research Paper SE - 38 [R]. Asheville, NC：Southeastern Forest Experment Station：33.

[44] 王小平，郭铌，2003. 遥感监测干旱的方法及研究进展 [J]. 干旱气象，21 (4)：76-79.

[45] Palmer W C, 1965. Meteorological drought [R]. Weather Bureau Research Paper, 45 - 58.

[46] Garen D C, 1991. Revised Surface - Water Supply Index for the western United States. Journal Water Resources Plan [J]. Manage, 119: 437 - 454.

[47] 闫桂霞, 陆桂华, 2009. 基于 PDSI 和 SPI 的综合气象干旱指数研究 [J]. 水利水电技术, 40 (4): 10 - 13.

[48] Vicente - Serrano S M, 2010. Beguería S, López - Moreno J I. A multiscalar drought index sensitive to global warming: the standardized precipitation evapotranspiration index [J]. Journal of climate, 23 (7): 1696 - 1718.

[49] 许继军, 杨大文, 2010. 基于分布式水文模拟的干旱评估预报模型研究 [J]. 水利学报, 39 (6): 739 - 747.

[50] 史晓亮, 2013. 基于 SWAT 模型的滦河流域分布式水文模拟与干旱评价方法研究 [D]. 北京: 中国科学院研究生院.

[51] Mishra A K, Desai V R, 2005. Spatial and temporal drought analysis in the Kansabati River Basin, India [J]. International Journal of River Basin Management, 3 (1): 31 - 41.

[52] 莫伟华, 王振会, 孙涵, 等, 2006. 基于植被供水指数的农田干旱遥感监测研究 [J]. 南京气象学院学报, 29 (3): 396 - 402.

[53] Ghulam Abduwasit, Qin Qiming, et, al, 2007. Designing of the perpendicular drought index [J]. Environmental Geology, 52 (6): 1045 - 1052.

[54] Peters Albert J, Waltershea Elizabeth A, Ji Lei, et al, 2002. Drought monitoring with NDVI - based Standardized Vegetation Index [J]. Photogrammetric Engineering and Remote Sensing, 68 (1): 71 - 75.

[55] Ghulam A, Li Z L, Qin Q M, et al, 2007. A method for canopy water content estimation for highly vegetated surfaces - shortwave infrared perpendicular water stress index [J]. Science in China Series D: Earth Sciences, 50 (9): 1359 - 1368.

[56] 安顺清, 邢久星, 1986. 帕默尔旱度模式的修正 [J]. 气象科学研究院院刊, 1 (1): 75 - 81.

[57] 余晓珍, 1996. 美国帕尔默旱度模式的修正和应用 [J]. 水文 (6): 30 - 36.

[58] 张叶, 罗怀良, 2006. 农业气象干旱指标研究综述 [J]. 资源开发与市场, 22 (1): 50 - 52.

[59] McKee T B, Doesken N J, Kleist J, 1993. The Relationship of Drought Frequency and Duration to Time Scales, Paper Presented at 8th Conference on Applied Clima-

tology〔R〕. American Meteorological Society，Anaheim，CA.

〔60〕 中华人民共和国国家质量监督检验检疫局，2006. 中国国家标准化管理委员会气象干旱等级标准（GB/T 20481－2006）〔M〕. 北京：北京气象出版社.

〔61〕 高蓓，姜彤，苏布达，等，2014. 基于 SPEI 的 1961—2012 年东北地区干旱演变特征分析〔J〕. 中国农业气象，35（6）：656－662.

〔62〕 闫桂霞，陆桂华等，2009. 基于 PDSI 和 SPI 的综合气象干旱指数研究〔J〕. 水利水电技术，40（4）：10－13.

〔63〕 Palmer W C，1968. Keeping track of crop moisture conditions〔J〕. nationwide：the new crop moisture index. Weatherwise，21：156－161.

〔64〕 胡彩虹，王金星，王艺璇，等，2013. 水文干旱指标研究进展综述〔J〕. 人民长江，44（7）：11－15.

〔65〕 Shukla S，Wood A W，2008. Use of a standardized runoff index for characterizing hydrologic drought〔J〕. Geophysical Research Letters，35（2）：226－236.

〔66〕 Karl T R，1986. The sensitivity of the Palmer drought severity index and Palmer's Z index to their calibration coefficients including potential evapotranspiration〔J〕. Journal of Climatic Applied Meteorology，25：77－86.

〔67〕 Quiring S M，Ganesh S，2010. Evaluating the utility of the Vegetation Condition Index（VCI）for monitoring meteorological drought in Texas. Agric〔J〕. For Meteorol.，（150）：330－339.

〔68〕 Houghton J T，Ding Y.，2001. The scientific basis//IPCC. Climate change 2 001：Summary for Policy Maker and Technical Summary of the Working Group I Report〔M〕. London：Cambridge University Press：98.

〔69〕 Wilhite D A，1985. Glantz M H. Understanding the drought phenomenon：The role of definitions〔J〕. Water International，10（3）：111－120.

〔70〕 Dore M H I.，2005. Climate change and changes in global precipitation patterns：What do we know?〔J〕. Environment international，31（8）：1167－1181.

〔71〕 Dai A.，2011. Erratum：Drought under global warming：a review〔J〕. Wiley Interdisciplinary Reviews Climate Change，2（1）：45－65.

〔72〕 Lu J，Vecchi G A，Reichler T. 2007. Expansion of the Hadley Cell under global warming〔R〕. Geophysical Research Letters，34：L06805，doi：06810. 01029/02006GL028443.

〔73〕 Neelin J D，Munnich M，Su H，et al. 2006. Tropical drying trends in global warming models and observations〔M〕. Proceedings of the National Academy of Sciences，103：6110－6115.

[74] Sheffield J，Wood E F. 2008. Projected changes in drought occurrence under future global warming from multi - model，multi - scenario，IPCC AR4 simulations [R]. Climate Dynamics (31)：79 - 105.

[75] 李跃清，2000. 青藏高原上空环流变化与其东侧旱涝异常分析 [J]. 大气科学，24 (4)：470 - 476.

[76] 符淙斌，马柱国，2008. 全球变化与区域干旱化 [J]. 大气科学，32 (4)：752 - 760.

[77] 邓振镛，张强，尹宪志，等，2007. 干旱灾害对干旱气候变化的响应 [J]. 冰川冻土，29 (1)：114 - 118.

[78] 冯明，张谦，胡英，等，2011. 气候变化背景下房县干旱的响应 [J]. 中国农业气象，32 (S1)：218 - 221.

[79] 杨淑萍，赵光平，孙银川，等，2006. 2004—2005 年宁夏特大干旱事件的诊断分析 [J]. 中国沙漠，26 (6)：948 - 952.

[80] 谢安，孙永罡，白人海，2003. 中国东北近 50 年干旱发展及对全球气候变暖的响应 [J]. 地理学报，58 (S)：75 - 82.

[81] Yi C，Wei S，Hendrey G，2014. Warming climate extends dryness - controlled areas of terrestrial carbon sequestration [J]. Scientific Reports，4 (4)：5472.

[82] Tierney J E，Ummenhofer C C，2015. Demenocal P B. Past and future rainfall in the Horn of Africa [J]. Science Advances，1 (9)：e1500682 - e1500682.

[83] Duffy P B，Brando P，Asner G P，et al. 2015. Projections of future meteorological drought and wet periods in the Amazon [J]. Proceedings of the National Academy of Sciences，112 (43)：13172 - 13177.

[84] Willett K M，Gillett N P，Jones P D，et al，2007. Attribution of observed surface humidity changes to human influence [J]. Nature，449 (7163)：710 - 712.

[85] Bates B C，Kundzewicz Z W，Wu S，et al，2008. Climate Change and Water，Technical Paper of the Intergovernmental Panel on Climate Change [M]. Geneva，Switzerland：Intergovernmental Panel on Climate Change (IPCC).

[86] 张远东，刘世荣，罗传文，等，2009. 川西亚高山林区不同土地利用与土地覆盖的地被物及土壤持水特征 [J]. 生态学报，29 (2)：627 - 635.

[87] Vörösmarty C J，Sahagian D，2000. Anthropogenic disturbance of the terrestrial water cycle [J]. BioScience，50 (9)：753 - 765.

[88] Lahmer W，Pfützner B，Becker A. 2001. Assessment of land use and climate change impacts on the mesoscale [J]. Physics and Chemistry of the Earth，Part B：Hydrology，Oceans and Atmosphere，26 (7/8)：565 - 575.

［89］刘永强，2016. 植被对干旱趋势的影响［J］. 大气科学，40（1）：142 - 156.

［90］Giannini A，Biasutti M，Verstraete M M，2008. A climate model - based review of drought in the Sahel：Desertification，the re - greening and climate change［J］. Global and Planetary Change，64（3/4）：119 - 128.

［91］Nicholson S. 2000. Land surface processes and Sahel climate［J］. Reviews of Geophysics，38（1）：117 - 140.

［92］Zeng N，2003. Drought in the Sahel［J］. Science，302（5647）：999 - 1000.

［93］姜逢清，朱诚，穆桂金，等，2002. 当代新疆洪旱灾害扩大化：人类活动的影响分析［J］. 地理学报，57（1）：57 - 66.

［94］梅惠，李长安，徐宏林，2006. 长江中游水旱灾害特点与水旱兼治对策——以"两湖"地区为例［J］. 华中师范大学学报：自然科学版，40（2）：287 - 290.

［95］符淙斌，温刚，2002. 中国北方干旱化的几个问题［J］. 气候与环境研究，7（1）：22 - 29.

［96］Lu X X，Yang X，Li S，2011. Dam not sole cause of Chinese drought［J］. Nature，475（7355）：174 - 175.

［97］李景保，王克林，杨燕，等，2008. 洞庭湖区 2000—2007 年农业干旱灾害特点及成因分析［J］. 水资源与水工程学报，2008，19（6）：1 - 5.

［98］邢子强，严登华，鲁帆，等，2013. 人类活动对流域旱涝事件影响研究进展［J］. 自然资源学报，28（6）：1070 - 1082.

［99］Dyhr - Nielsen M，1986. Hydrological effect of deforestation in the Chao Phraya basin in Thailand［R］. In：International Symposium on Tropical Forest Hydrology and Application，Chiangmai，Thailand：11 - 14.

［100］冯定原，邱新法，1995. 农业干旱的成因、指标、时空分布和防旱抗旱对策［J］. 中国减灾，（1）：22 - 27.

［101］王娟，汤洁，杜崇，等，2003. 吉林西部农业旱灾变化趋势及其成因分析［J］. 灾害学，16（2）：27 - 31.

［102］侯光良，于长水，许长军，2009. 青海东部历史时期的自然灾害与 LUCC 和气候变化［J］. 干旱区资源与环境，23（1）：86 - 92.

［103］张家团，屈艳萍，2008. 近 30 年来中国干旱灾害演变规律及抗旱减灾对策探讨［J］. 中国防汛抗旱，（5）：48 - 52.

［104］李茂稳，李秀华，2002. 承德旱灾成因分析及防灾减灾思考［J］. 水科学与工程技术，（4）：37 - 37.

［105］王建华，郭跃，2007. 2006 年重庆市特大旱灾的特征及其驱动因子分析［J］. 安

徽农业科学，35（5）：1290 - 1292，1294.

［106］王树鹏，张云峰，方迪，2011. 云南省旱灾成因及抗旱对策探析［J］. 中国农村水利水电，（9）：139 - 141.

［107］龚志强，封国林，2008. 中国近 1000 年旱涝的持续性特征研究［J］. 物理学报，57（6）：3920 - 3931.

［108］郭瑞，查小春，2009. 径河流域 1470—1979 年旱涝灾害变化规律分析［J］. 陕西师范大学学报（自然科学版），37（3）：90 - 95.

［109］李景保，王克林，杨燕，等，2008. 洞庭湖区 2000—2007 年农业干旱灾害特点及成因分析［J］. 水资源与水工程学报，19（6）：1 - 5.

［110］黄建武，2002. 湖北省旱涝灾害的基本特征与成因分析［J］. 长江流域资源与环境，11（5）：482 - 487.

［111］史东超，2011. 河北省唐山市干旱状况与旱灾成因分析［J］. 安徽农业科学，39（8）：4684 - 4686.

［112］林文鹏，陈霖婷，2000. 福建省干旱灾害的演变及其成因研究［J］. 灾害学，15（3）：56 - 60.

［113］何马峰，张俊栋，2011. 唐山市干旱特点及成因研究［J］. 河北水利（3）：38 - 39.

［114］辛国君，1999. 用零维能量平衡气候模型分析大气气溶胶的气候效应［J］. 北京大学学报（自然科学版），35（3）：375 - 382.

［115］Smirnov O，Zhang M，Xiao T，et al，2016. The relative importance of climate change and population growth for exposure to future extreme droughts［J］. Climatic Change38（1 - 2）：41 - 53.

［116］Kirono D G C，Kent D M，2011. Hennessy K J，et al. Characteristics of Australian droughts under enhanced greenhouse conditions：Results from 14global climate models［J］. Journal of Arid Environments，75（6）：566 - 575.

［117］Strzepek K，Yohe G，Neumann J，et al，2010. Characterizing changes in drought risk for the United States from climate change［J］. Environmental Research Letters，5（4）：1 - 9.

［118］Woodhouse C A，Overpeck J T. 1998. 2000 years of drought variability in the central United States［J］. Bulletin of the American Meteorological Society，79（12）：2693 - 2714.

［119］Booth B B，Dunstone N J，Halloran P R，et al，2012. Aerosols implicated as a prime driver of twentieth - century North Atlantic climate variability［J］. Nature，484（7393）：228 - 233.

[120] Cook B I，Ault T R，Smerdon J E，2015. Unprecedented 21st century drought risk in the American Southwest and Central Plains [J]. Science Advances，1 (1)：e1400082.

[121] Trenberth K E，Dai A，Van Der Schrier G，et al，2014. Global warming and changes in drought [J]. Nature Climate Change，4 (1)：17 - 22.

[122] Wang L，Chen W，2014. A CMIP5 multimodel projection of future temperature，precipitation，and climatological drought in China [J]. International Journal of Climatology，34 (6)：2059 - 2078.

[123] Williams A P，Seager R，Abatzoglou J T，et al，2015. Contribution of anthropogenic warming to California drought during 2012—2014 [J]. Geophysical Research Letters，42 (16)：6819 - 6828.

[124] Jiang F，Cheng Z，Guijin M，et al，2005. Magnification of flood disasters and its relation to regional precipitation and local human activities since the 1 980s in Xinjiang，northwestern China [J]. Natural Hazards，36 (3)：307 - 330.

[125] Lehner B，Doll P，Alcamo J，et al，2006. Estimating the impact of global change on flood and drought risks in Europe：A continental，integrated analysis [J]. Climatic Change，75 (3)：273 - 299.

[126] Jung I W，Chang H，2012. Climate change impacts on spatial patterns in drought risk in the Willamette River Basin，Oregon，USA [J]. Theoretical and Applied Climatology，108 (3/4)：355 - 371.

[127] Sen B，Topcu S，Türkes M，et al. 2012. Projecting climate change，drought conditions and crop productivity in Turkey [J]. Climate Research，52：175 - 191.

[128] 于丹，沈波，谢军，1992. 东北黑土区水土流失危害及其防治途径 [J]. 水土保持通报，12 (2)：25 - 34.

[129] 王玉玺，解运杰，王萍，2002. 东北黑土区水土流失成因分析 [J]. 水土保持科技情报 (3)：27 - 29.

[130] 崔海山，张柏，于磊，等，2003. 中国黑土资源分布格局与动态分析 [J]. 资源科学，25 (3)：64 - 68.

[131] 解运杰，王岩松，王玉玺，2005. 东北黑土地域界定及其水土保持区划探析 [J]. 水土保持通报，25 (1)：48 - 50.

[132] 范昊明，2005. 东北黑土区典型流域沙量平衡研究 [D]. 北京：中国科学院.

[133] 刘丙友，苗润吉，景国臣，等，2015. 典型黑土区主要水保树种土壤水文效应研究 [J]. 水土保研究，22 (6)：51 - 54.

[134] 王琦，崔玉明，白凤玲，等，2002. 黑土地区防治水土流失的对策研究 [J]. 黑

龙江水专学报，(2)：82-84.

[135] 杨文文，张学培，王洪英，2015. 东北黑土区坡耕地水土流失及防治技术研究进展 [J]. 水土保持研究，12 (5)：232-236.

[136] http：//news. xinhuanet. com/local/2013-11/04/c_117985069. htm.

[137] 吴铁华，杨伟伟，凌祖国，等，2007. 东北黑土区土壤侵蚀演替规律研究 [J]. 安徽农业科学，35 (13)：3924-3925.

[138] 马建勇，许吟隆，潘婕，2012. 东北地区农业气象灾害的趋势变化及其对粮食产量的影响 [J]. 中国农业气象，33 (2)：283-288.

[139] 孙滨峰，赵红，王效科，2015. 基于标准化降水蒸发指数 (SPEI) 的东北干旱时空特征 [J]. 生态环境学报 (1)：22-28.

[140] 吴海燕，孙甜田，范作伟，等，2014. 东北地区主要粮食作物对气候变化的响应及其产量效应 [J]. 农业资源与环境学报 (4)：299-307.

[141] 胡天然，2016. 乌裕尔河流域侵蚀沟格局及其演变过程 [D]. 哈尔滨：东北林业大学.

[142] 冯夏清，章光新，2015. 基于水文模型的乌裕尔河流域水资源评价 [J]. 水文 (2)：49-52.

[143] Krvsanova V，Wcchsung F，2000. SWIM (Soil and Water Integrated Model) user manual [R]. Potsdam Institute for Climate Impact Research，Potsdam，Germany.

[144] 宋晓猛，张建云，占车生，等，2015. 水文模型参数敏感性分析方法评述 [J]. 水利水电科技进展，23 (6)：105-112.

[145] 孔凡哲，宋晓猛，占车生，等，2011. 水文模型参数敏感性快速定量评估的 RSMSobol 方法 [J]. 地理学报，66 (9)：1270-1280.

[146] Richard R，HeimJ R，2002. A review of twentieth-century drought index used in the United States [J]. Bulletin American Meteorological society，83：1149-1165.

[147] 袁文平，周广胜，2004. 干旱指标的理论分析与研究展望 [J]. 地球科学进展，19 (6)：982-991.

[148] Keyantash J，Dracup J A，2005. 周跃武. 干旱的定量化：干旱指数的评价 [J]. 干旱气象，23 (2)：85-94.

[149] 周丹，张勃，任培贵，等，2014. 基于标准化降水蒸散指数的陕西省近 50a 干旱特征分析 [J]. 自然资源学报 (4)：677-688.

[150] Vicente-Serrano S M，Beguería S，López-Moreno J I. 2010. A multiscalar drought index sensitive to global warming：The standardized precipitation evapotranspiration index [J]. Journal of Climate，23 (7)：1696-1718.

[151] Vicente - Serrano S M，Beguería S，López - Moreno J I，et al. 2010. A new global 0. 5gridded dataset（1901—2006）of a multiscalar drought index：Comparison with current drought index datasets based on the Palmer drought severity index ［J］. Journa of Hydrometeorology，11（4）：1033 - 1043.

[152] 高蓓，姜彤，苏布达，等，2014. 基于 SPEI 的 1961—2012 年东北地区干旱演变特征分析 ［J］. 中国农业气象，35（6）：656 - 662.

[153] 李明，王贵文，张莲芝，2016. 基于 SPEI 的中国东北地区干旱分区及其气候特征分析 ［J］. 干旱区资源与环境，30（6）：65 - 70.

[154] 史本林，朱新玉，胡云川，等，2015. 基于 SPEI 指数的近 53 年河南省干旱时空变化特征 ［J］. 地理研究，34（8）：1547 - 1558.

[155] 朱新玉，2015. 基于 SPEI 的豫东地区近 50 年干旱演变特征 ［J］. 自然灾害学报 （4）：128 - 137.

[156] 王斌，张展羽，魏永霞，等，2009. 基于投影寻踪的农业基本旱情评估 ［J］. 农业工程学报，25（4）：157 - 162.

[157] http：//www. caas. net. cn/caasnew/nykjxx/njbk/49209. shtml.

[158] 安顺清，邢久星，1986. 帕默尔旱度模式的修正 ［J］. 气象科学研究院院刊，1 （1）：75 - 81.

[159] 赵惠媛，沈必成，莐辉，等，1996. 帕尔默气象干旱研究方法在松嫩平原西部的应用 ［J］. 黑龙江农业科学，（3）：30 - 33.

[160] 余晓珍，1996. 美国帕尔默旱度模式的修正和应用 ［J］. 水文（6）：30 - 36.

[161] 张叶，2006. 罗怀良农业气象干旱指标研究综述 ［J］. 资源开发与市场，22（1）：50 - 52.

[162] 张倩，赵艳霞，王春乙，2010. 我国主要农业气象灾害指标研究进展 ［J］. 自然灾害学报，19（6）：40 - 54.

[163] 徐宗学，程磊，2010. 分布式水文模型研究与应用进展 ［J］. 水利学报，41（9）：1009 - 1017.

[164] 陈昱潼，畅建霞，黄生志，等，2014. 基于 PDSI 的渭河流域干旱变化特征 ［J］. 自然灾害学报，23（5）：29 - 37.

[165] Tallaksen L M，Hisdal H，Henny A J，et al，2009. Space - time modelling of catchment scale drought characteristics ［J］. Journal of Hydrology，375：363 - 372.

[166] Eleanor J B，Simon J B，2010. Regional drought over the UK and changes in the future ［J］. Journal of Hydrology，394：471 - 485.

[167] 赵安周，刘宪锋，朱秀芳，等，2015. 基于 SWAT 模型的渭河流域干旱时空分

布 [J]. 地理科学进展，34（9）：1156－1166.

[168] 裴源生，蒋桂芹，翟家齐，2013. 干旱演变驱动机制理论框架及其关键问题 [J]. 水科学进展，24（3）：449－456.

[169] 刘文琨，裴源生，赵勇，等，2014. 区域气象干旱评估分析模式 [J]. 水科学进展，25（3）：318－326.

[170] Tallaksen L M，Hisdal H，Lanen H A J V，2009. Space－time modelling of catchment scale drought characteristics [J]. Journal of Hydrology，375（s3－4）：363－372.

[171] 陆桂华，闫桂霞，吴志勇，等，2010. 基于 copula 函数的区域干旱分析方法 [J]. 水科学进展，21（2）：188－193.

[172] 闫峰，王艳姣，吴波，2010. 近 50 年河北省干旱时空分布特征 [J]. 地理研究，29（3）：423－430.

[173] 张玉虎，刘凯利，陈秋华，等，2014. 区域气象干旱特征多变量 Copula 分析——以阿克苏河流域为例 [J]. 地理科学，34（12）：1480－1487.

[174] Genest C，Rivest L P，1993. Statistical inference procedures for bivariate Archimedean Copulas [J]. American Statistical Association，88（423）：1034－1043.

[175] 王国庆，张建云，贺瑞敏，2006. 环境变化对黄河中游汾河径流情势的影响研究 [J]. 水科学进展，17（6）：853－858.

[176] 董磊华，熊立华，于坤霞，等，2012. 气候变化与人类活动对水文影响的研究进展 [J]. 水科学进展，23（2）：278－285.

[177] 冯夏清，章光新，尹雄锐，2009. 乌裕尔河流域径流特征分析 [J]. 自然资源学报，24（7）：1286－1296.

[178] 高超，翟建青，陶辉，等，2009. 巢湖流域土地利用/覆被变化的水文效应研究 [J]. 自然资源学报，24（10）：1794－1803.

[179] Faramarzi M，Abbaspour K C，Schulin R，et al，2009. Modelling blue and green water resources availability in Iran [J]. Hydrological Processes，23（3）：486－501.

[180] Krysannona V，Wechsung F，Arnold J，et al. 2011. SWIM 模型使用指南 [M]. 北京：气象出版社.

[181] Stefanova A，Krysanova V，Hesse C，et al，2015. Climate change impact assessment on water inflow to a coastal lagoon：The Ria de Aveiro watershed，Portugal [J]. Hydrological Sciences Journal，60（5）：1－20.

[182] Conradt T，Wechsung F，Bronstert A，2013. Three perceptions of the evapotrans-

piration landscape: comparing spatial patterns from a distributed hydrological model, remotely sensed surface temperatures, and sub – basin water balances [J]. Hydrology & Earth System Sciences, 17 (7): 2947 – 2966.

[183] Hesse C, Krysanova V, Stefanova A, et al, 2015. Assessment of climate change impacts on water quantity and quality of the multi – river Vistula Lagoon catchment [J]. Hydrological Sciences Journal, 60 (5): 1 – 22.

[184] Hattermann F F, Wattenbach M, Krysanova V, et al, 2005. Runoff simulations on the macroscale with the ecohydrological model SWIM in the Elbe catchment – validation and uncertainty analysis [J]. Hydrological Processes, 19 (3): 693 – 714.

[185] Krysanova V, Hattermann F, Huang S, et al, 2015. Modelling climate and land use change impacts with SWIM: Lessons learnt from multiple applications [J]. Hydrological Sciences Journal, 60 (4): 606 – 635.

[186] Krysanova V, Hattermann F, Wechsung F. 2005. Development of the ecohydrological model SWIM for regional impact studies and vulnerability assessment [J]. Hydrological Processes, 19 (3): 763 – 783.

[187] Ge G, Xu C Y, Chen D, et al, 2012. Spatial and temporal characteristics of actual evapotranspiration over Haihe River basin in China [J]. Stochastic Environmental Research & Risk Assessment, 26 (26): 1 – 15.

[188] Wortmann M, Krysanova V, Kundzewicz Z W, et al, 2014. Assessing the influence of the Merzbacher Lake outburst floods on discharge using the hydrological model SWIM in the Aksu headwaters, Kyrgyzstan/NW China [J]. Hydrological Processes, 28 (26): 6337 – 6350.

[189] Tao Y, Wang X, Yu Z, et al, 2014. Climate change and probabilistic scenario of streamflow extremes in an alpine region [J]. Journal of Geophysical Research Atmospheres, 119 (14): 8535 – 8551.

[190] Huang S, Hesse C, Krysanova V, et al, 2009. From meso – to macro – scale dynamic water quality modelling for the assessment of land use change scenarios [J]. Ecological Modelling, 220 (19): 2543 – 2558.

[191] 高超, 金高洁, 2012. SWIM 水文模型的 DEM 尺度效应 [J]. 地理研究, 31 (3): 399 – 408.

[192] 高超, 刘青, 苏布达, 等, 2013. 不同尺度和数据基础的水文模型适用性评估研究: 淮河流域为例 [J]. 自然资源学报, 28 (10): 1765 – 1777.

[193] 张正涛, 2015. 不同空间分辨率及算法选择对 SWIM 水文模型模拟的影响 [D].

合肥：安徽师范大学.

[194] 张淑兰，于澎涛，王彦辉，等，2011. 泾河上游流域实际蒸散量及其各组分的估算 [J]. 地理学报，66 (3)：385-395.

[195] 张淑兰，于澎涛，张海军，等，2015. 泾河流域上游土石山区和黄土区森林覆盖率变化的水文影响模拟 [J]. 生态学报，35 (4)：1068-1078.

[196] 莫菲，2008. 六盘山洪沟小流域森林植被的水文影响与模拟 [D]. 北京：中国林业科学研究院.

[197] 徐艳会，2011. 基于 SWIM 模型分析土地利用变化对黄前流域产流的影响 [D]. 济南：山东农业大学.

[198] 张淑兰，2011. 土地利用和气候变化对流域水文过程影响的定量评价 [D]. 北京：中国林业科学研究院.

[199] 张淑兰，张海军，王彦辉，等，2015. 泾河流域上游景观尺度植被类型对水文过程的影响 [J]. 地理科学，35 (2)：231-237.

[200] 崔明，张旭东，蔡强国，等，2008. 东北典型黑土区气候、地貌演化与黑土发育关系 [J]. 地理研究，27 (3)：527-535.

[201] 刘卓，刘昌明，2006. 东北地区水资源利用与生态和环境问题分析 [J]. 自然资源学报，21 (5)：700-708.

[202] Maidment D R, 1996. GIS and hydrologic modelling：An assessment of progress// Proceedings of the Third International Conference on GIS and Environmental Modeling, Santa Fe [R]. New Mexico, 22-26 January.

[203] 舒畅，刘苏峡，莫兴国，等，2008. 新安江模型参数的不确定性分析 [J]. 地理研究，27 (2)：343-352.

[204] Rougier J, Richmond A D. 2005. Sensitivity of the SWAT model to the soil and land use data parametrisation：A case study in the Thyle catchment, Belgium [J]. Ecological Modelling, 187 (1)：27-39.

[205] 杨大文，李翀，倪广恒，等，2004. 分布式水文模型在黄河流域的应用 [J]. 地理学报，59 (1)：143-154.

[206] 程磊，徐宗学，罗睿，等，2009. SWAT 在干旱半干旱地区的应用：以窟野河流域为例 [J]. 地理研究，28 (1)：65-73.

[207] 白淑英，张树文，张养贞，2007. 松嫩平原土地利用/覆被变化的动态过程分析：以大庆市杜尔伯特蒙古族自治县为例 [J]. 资源科学，29 (4)：164-169.

[208] Narsimlu B, Gosain A K, Chahar B R, et al, 2015. SWAT model calibration and uncertainty analysis for streamflow prediction in the Kunwari River Basin, India,

using sequential uncertainty fitting [J]. Environmental Processes, 2 (1): 79 - 95.

[209] 郭敏, 方海燕, 李致颖, 2016. 基于 SWAT 东北黑土区乌裕尔河流域径流模型模拟 [J]. 水土保持研究, 23 (4): 43 - 47.

[210] 冯夏清, 章光新, 尹雄锐, 2010. 基于 SWAT 模型的乌裕尔河流域气候变化的水文响应 [J]. 地理科学进展, 29 (7): 827 - 832.

[211] Tzyy - Woei Chu, 2003. Modeling Hydrologic and water quality response of a mixed land use watershed in piedmont physiographic region [M]. Graduatie School of the University of Maryland.

[212] 宋艳华, 马金辉, 2007. SWAT 模型在陇西黄土高原地区的适用性研究 [J]. 干旱区地理, 30 (6): 933 - 938.

[213] 张永芳, 邓珺丽, 关德新, 等, 2011. 松嫩平原潜在蒸散量的时空变化特征 [J]. 应用生态学报, 22 (7): 1702 - 1710.

[214] Fitzhugh T W, Mackay D S, 2001. Impacts of input parameter spatial aggregation on an agricultural nonpoint source pollution model [J]. Journal of Hydrology, 236 (1/2): 35 - 53.

[215] Romanowicz A A, Vanclooster M, Rounsevell M, et al, 2005. Sensitivity of the SWAT model to the soil and land use data parametrisation: A case study in the Thyle catchment in Belgium [J]. Ecological Modelling, 187 (1): 27 - 39.

[216] 李金锋, 黄崇福, 宗恬, 2005. 反精确现象与形式化研究 [J]. 系统工程理论与实践, 25 (4): 128 - 132.

[217] 王根绪, 李元寿, 吴青柏, 等, 2006. 青藏高原冻土区冻土与植被的关系及其对高寒生态系统的影响 [J]. 中国科学 (D) 辑: 地球科学, 36 (8): 743 - 754.

[218] 马柱国, 华丽娟, 任小波, 2003. 中国近代北方极端干湿事件的演变规律 [J]. 地理学报, 58 (7s): 69 - 74.

[219] 王志伟, 翟盘茂, 2003. 中国北方近 50 年干旱变化特征 [J]. 地理学报, 58 (Z1): 61 - 68.

[220] 韩兰英, 张强, 姚玉璧, 等, 2014. 近 60 年中国西南地区干旱灾害规律与成因 [J]. 地理学报, 69 (5): 632 - 639.

[221] He B, Lü A F, Wu J J, et al, 2011. Drought hazard assessment and spatial characteristics analysis in China [J]. Journal of Geographical Sciences, 21 (2): 235 - 249.

[222] 刘俊民, 苗正伟, 崔娅茹, 2007. 灰色系统模型在宝鸡峡灌区气象干旱预测中的应用 [J]. 水资源研究, 28 (4): 4 - 6.

［223］ 孙鹏，张强，白云岗，等，2014. 基于马尔科夫模型的新疆水文气象干旱研究 ［J］. 地理研究，33（9）：1647 - 1657.

［224］ Ochoa - Rivera J C，2008. Prospecting droughts with stochastic artificial neural net-works ［J］. Journal of Hydrology，352（s1 - 2）：174 - 180.

［225］ Zhang A，Jia G，2013. Monitoring meteorological drought in semiarid regions using multi - sensor microwave remote sensing data ［J］. Remote Sensing of Environment，134（7）：12 - 23.

［226］ 杨扬，安顺清，刘巍巍，等，2007. 帕尔默旱度指数方法在全国实时旱情监视中的应用 ［J］. 水科学进展，18（1）：52 - 57.

［227］ Richard R. Heim Jr，周跃武，冯建英，2006. 美国 20 世纪干旱指数评述 ［J］. 干旱气象，24（1）：79 - 89.

［228］ 中国气象局，2000. 中国气象干旱图集（1956—2009 年）. 北京：气象出版社.

［229］ 孙永罡，2007. 中国气象灾害大典 ［M］. 黑龙江卷. 北京：气象出版社.

［230］ http：//www. zglz. gov. cn/database. html ［EB/OL］.

［231］ Mishra A K，Singh V P，2011. Drought modeling - A review ［J］. Journal of Hy-drology，403（1 - 2）：157 - 175.

［232］ Ghizzoni T，Roth G，Rudari R，2010. Multivariate skew - t approach to the design of accumulation risk scenarios for the flooding hazard ［J］. Advances of Water Re-sources，33（10）：1243 - 1255.

［233］ 李景刚，阮宏勋，李纪人，等，2010. TRMM 降水数据在气象干旱监测中的应用研究 ［J］. 水文，30（4）：43 - 46.

［234］ Zhang Q，Xiao M，Singh V P，et al，2013. Copula - based risk evaluation of hydrological droughts in the East River basin ［J］. China. Stochastic Environmental Research and Risk Assessment，27（6）：1397 - 1406.

［235］ Vangelis H，Tigkas D，Tsakiris G，2013. The effect of PET method on Recon-naissance Drought Index（RDI）calculation ［J］. Journal of Arid Environments，88：130 - 140.

［236］ 王志伟，杨胜天，孙影，等，2016. 1982—2010 年气候与土地利用变化对无定河流域干旱指数变化的影响 ［J］. 水文，36（3）：17 - 23.